大疆无人机御3

航拍摄影与后期从入门到精通

（视频教学版）

龙飞◎编著

化学工业出版社

·北京·

内 容 简 介

本书是大疆无人机御3的实操教程，也是一本紧扣CAAC（中国民用航空局）与AOPA-China（中国航空器拥有者及驾驶员协会）无人机考证内容的摄影与摄像教程。随书赠送78个教学视频、192页PPT教学课件、13章电子教案、80多个素材效果文件。由于御3和御2的操作界面和方法类似，通用性强，本书以无人机御3为例，从4条线进行了全面、细致的讲解。

【入门线】：介绍了御3无人机、遥控器和DJI Fly App的用法，如认识无人机与配件、连接飞行器与遥控器、20个飞行处理风险，让大家做好飞行准备，避免炸机。

【飞行线】：介绍了无人机的飞行动作，如进行起飞与降落、入门飞行动作和进阶飞行动作，让大家先学会安全飞行无人机，再进行航拍。

【航拍线】：介绍了无人机的航拍技巧，如构图取景、全景与夜景航拍、运镜技巧、长焦用法、焦点跟随、一键短片、大师镜头、延时摄影等内容。

【后期线】：介绍了航拍照片和视频的后期处理技巧，如怎么在醒图App中快速美化出片、在剪映App中剪辑处理单个与多个素材等内容。

本书适合使用大疆无人机御3和御2的飞友，以及需要用这两款机型来进行飞行教学的学校，可以作为培训或教辅教材。

图书在版编目（CIP）数据

大疆无人机御3航拍摄影与后期从入门到精通：视频教学版 /
龙飞编著 . —北京：化学工业出版社，2024.2

ISBN 978-7-122-44445-5

Ⅰ .①大… Ⅱ .①龙… Ⅲ .①无人驾驶飞机-航空摄影②图像
处理软件 Ⅳ . ① TB869 ② TP391.413

中国国家版本馆 CIP 数据核字（2023）第 217139 号

责任编辑：李　辰　孙　炜　　　　　　　　封面设计：异一设计
责任校对：田睿涵　　　　　　　　　　　　装帧设计：盟诺文化

出版发行：化学工业出版社（北京市东城区青年湖南街13号　邮政编码100011）
印　　装：北京瑞禾彩色印刷有限公司
787mm×1092mm　1/16　印张13　字数315千字　2024年4月北京第1版第1次印刷

购书咨询：010-64518888　　　　　　　　　售后服务：010-64518899
网　　址：http://www.cip.com.cn
凡购买本书，如有缺损质量问题，本社销售中心负责调换。

序　言

党的二十大报告中指出，要"加快实现高水平科技自立自强"，这为新时代的科技发展指明了方向。我们必须坚持科技是第一生产力，学习与掌握更多技能。在无人机航拍领域中，我们也必须走在前沿，学习更多和更新的航拍技术。

2021年11月5日，大疆公司发布了民用无人机大疆Mavic 3（御3），升级配备了两个摄像头；2022年11月2日，又发布了大疆Mavic 3 Classic（御3经典款）；2023年4月25日，发布了Mavic 3系列的新款机型——大疆Mavic 3 Pro（御3 Pro）。与御3不同的是，御3 Pro新搭载了4800万像素的1/1.3英寸传感器，并配备了等效70mm F2.8恒定光圈的镜头，三颗摄像头的配置让无人机从此进入了"三摄时代"。

但大疆给我们的惊喜远不止于此，哈苏广角相机、中长焦相机和长焦相机这3款相机的镜头还可以实现多焦段变焦，让航拍影像有了更多的表现方式，也让场景衔接更为自然和高效。在本书的第8章会有详细的介绍与用法指导。

对热爱摄影、热爱航拍的用户来说，大疆Mavic 3 Pro可以说是最理想的配置了。但在入手了这款无人机之后，如何使用它，怎么创作出吸睛的航拍作品，又成了难题。

为了让大家可以快速上手并精通无人机的摄影与后期处理技巧，本书共安排14章，内容由易到难、从浅到深，全书结构明朗、逻辑清晰，让大家不仅能掌控大疆Mavic 3 Pro的飞行、航拍与后期处理技巧，还能举一反三，掌控其他系列无人机的用法。

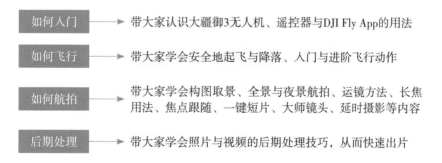

通过学习本书的内容，不仅可以认识无人机的每个部位和配件，还能安全地飞行无人机和拍摄照片、视频，后期自己也能处理这些航拍素材，重点是通过在本书中学习到的20个飞行风险，每次都能安全地起飞、飞行和降落无人机。

本书具备以下亮点。

一、考证内容、考点都有

2023 年 6 月 28 日，《无人驾驶航空器飞行管理暂行条例》发布，规范了无人机的飞行要求，间接强调无人机的考证需求。目前市场上的所有无人机书内容，都没有涉及 CAAC 与 AOPA-China 无人机考证，而本书精心安排了 CAAC 与 AOPA-China 无人机考证考点内容。

二、实飞实拍、教学视频

市场上的无人机书籍，单纯只放图片的多，而赠送实飞实拍、实录教学视频的少。本书中的所有实飞内容，都会一一实拍，且录制教学视频，大大提高了读者的学习效率。

三、赠送课件、电子教案

目前市场上的无人机书，大多没有赠送电子教案，且赠送教学课件的也少，而本书超值赠送四重礼：PPT 教学课件、教学视频、电子教案、素材效果。带教学视频的内容，在相应章节标题旁有二维码，使用手机扫码就可以观看学习。获取 PPT 教学课件、电子教案，以及后期处理需要的素材，请查看封底的下载说明，或者添加封底提示的 QQ 群。想深入学习构图的用户，也可以关注笔者的公众号"手机摄影构图大全"。

软件版本等温馨提示

在编写本书时，是基于当前软件版本截的实际操作图片（醒图 App 版本 7.6.0、剪映 App 版本 10.4.0、DJI Fly App 版本 1.10.0），但书从编辑到出版需要一段时间，在这段时间里，软件界面与功能会有调整与变化，比如删除了某些内容，增加了某些内容，这是软件开发商做的更新，很正常。请大家在阅读时，根据书中的思路，举一反三，进行学习即可，不必拘泥于细微的变化。

对于使用 DJI GO 4 App 操控御 2 等系列无人机的用户，在使用 DJI Fly App 时，会发现其界面是有变化的，但大部分的模式是相通的。用户也可以在 QQ 群中获取"大疆 Mavic 2 与 Mavic 3 的对比说明"文档，里面详细介绍了二者的异同点。本书主要以大疆 Mavic 3 Pro 为主，向大家介绍御 3 系列无人机。

本书由龙飞编著，参与编写的人员有邓陆英等人，由于作者知识水平有限，书中难免有疏漏之处，恳请广大读者批评、指正，联系微信：157075539。

龙飞

目 录

第 1 章
新手入门：认识御 3 无人机

　　大疆公司在发布了大疆 Mavic 3 和大疆 Mavic 3 Classic（经典款）之后，在 2023 年 4 月 25 日，重磅发布了 Mavic 3 系列的新款机型——大疆 Mavic 3 Pro。御 3 Pro 配备了三个摄像头，支持多焦段光学变焦，影像拍摄能力更强大了。本章以大疆 Mavic 3 Pro 为主，向大家介绍御 3 系列的无人机。

1.1 检验无人机

当我们购买了无人机之后，需要掌握一定的验货技巧，这样才能确保我们收到的无人机是完整的。比如对无人机进行开箱验货、核对无人机的配件与物品清单、检验与测试无人机的性能等。本节将为大家介绍检验无人机的要点。

1.1.1 开箱验货，核对物品数量

当我们拿到无人机后，要进行开箱检查。图1-1所示为大疆Mavic 3 Pro无人机的开箱状态。在开箱之后，我们首先需要检查无人机的机身，以及各配件是否齐全、外观有没有破损的现象。如果无人机的机身或配件有损伤，一定要及时联系售后解决问题。我们千万不能带着有问题或破损的无人机飞行，这样会有很大的安全隐患。

图 1-1　大疆 Mavic 3 Pro 无人机的开箱状态

对于无人机有哪些物品，在开箱验货的时候要一一核对和检查，否则可能会出现配件缺少的情况。一个小配件可能不值多少钱，但专门再跑一趟购买，也是非常不划算的，所以验货的时候一定要仔细。

下面以大疆Mavic 3 Pro为例，介绍官方标配畅飞套装中的物品清单列表。

➢ 飞行器：1个。

➢ DJI RC带屏遥控器：1个。

➢ 智能飞行电池：3块。

➢ 单肩包：1个。

➢ 备用降噪螺旋桨：4对。

➢ 收纳保护罩：1个。

➢ 充电器AC电源线：1根。

➢ 备用摇杆：1对。

- ➢ 100W桌面充电器：1个。
- ➢ 100W充电管家：1个。
- ➢ 双头USB-C数据线：2根。
- ➢ ND滤镜：1套。

物品清单如图1-2所示。

图 1-2 大疆 Mavic 3 Pro 畅飞套装物品清单

虽然大疆Mavic 3 Pro自带8GB的机载内存，但用户最好购买一张内存卡扩展容量。另外，对于有录屏需求的用户，也可以为带屏遥控器再购买一张内存卡。对于内存卡的类型，最好买无人机专用的高速内存卡，如图1-3所示。喜欢拍视频和照片的用户，也可以多备几张内存卡，以备不时之需。

图 1-3 无人机专用的高速内存卡

1.1.2　开机并激活无人机

在开箱验货检查与核对完无人机的物品数量之后，我们就要检查无人机的状态。比如，螺旋桨有没有装好？电池有没有卡紧？然后，我们要掌握无人机的开机顺序，到底是先开飞行器还是先开遥控器呢？开机之后，有时候会提示用户固件需要升级，此时我们需要对固件进行升级操作，以便更安全地飞行无人机。下面介绍无人机的相关开机技巧，希望大家可以熟练掌握。

安装与拆卸螺旋桨的方法，请参考本章后面的相关小节，详细介绍了具体操作。大家在首次使用无人机时，需要先给智能飞行电池充电，以激活电池，再将电池安装到无人机的机身上；当将无人机与RC遥控器进行连接时，需要确保遥控器已连接互联网。在开启无人机的电源之前，要确保已经摘下飞行器的保护罩，且前后机臂均已展开，以免影响无人机的自检和启动。

下面介绍开启无人机的顺序。

第一步：开启RC遥控器。

第二步：开启飞行器。

第三步：让飞行器与遥控器的信号连接上。

★ 专家提醒 ★

在大疆官方的说明书中，也是介绍先开启遥控器的电源，再开启飞行器的电源。因为飞行器和遥控器的连接是属于一对一的连接，先开启遥控器的电源，就能确保飞行器开机之后不会与别的遥控器连接或受到其他遥控器的干扰。为确保万无一失，建议大家最好按照大疆说明书上的步骤，正确执行开机顺序。

当RC遥控器开机之后，用户需要按照界面提示激活DJI设备。根据提示先选择地区和语言，并进行联网操作。然后登录DJI账号，就可以进入DJI Fly App。再把遥控器与无人机的信号相连接。当遥控器与飞行器连接之后，就需要升级固件版本。由于下载时间比较长，所以还需要保证遥控器有足够的电量。完成所有激活操作之后，就可以开始试飞无人机了。

1.1.3　试飞无人机来检验性能

检验与测试无人机的性能是验货的一个方面，主要包括检验无人机是否能正常起飞、抗风能力如何，以及测试电池的续航能力、低温检验等。如果用户自己还不会起飞无人机，可以请店家先验货试飞，然后根据店家的方法自己再操作一次。下面进行相应的介绍。

➤ 是否可以正常校准指南针。

无人机在飞行时，是非常依赖全球定位系统的，所以校准指南针是很关键的一步。中国很大，各个地区的磁场略有不同，一般建议新机器开机后，立即校准指南针。校准指南针一定要远离高大的建筑、钢铁和地铁等，尽量选择在开阔的户外场所中校准。新手可以按照DJI Fly App中的提示进行操作，先将镜头朝前水平旋转无人机，然后将镜头朝上垂直旋转无人机，即可校准指南针。如果没有校准成功可再次尝试；如果还是没有校准成功，就需要换场所再三尝试；要是还没有成功校准指南针，就要怀疑机器是否有问题了。

　　➤ 是否能正常飞行。

　　在测试飞行功能时，需要校准遥控器上的摇杆。先打开DJI Fly App，进入"操控"设置界面。选择"遥控器校准"选项，按照提示将摇杆和拨轮往所有方向的最大值推动，进行遥控器校准。然后将无人机起飞至5米左右的高度，如图1-4所示，使其上升、下降、左转、右转、向前、向后、向左、向右，测试无人机是否可以正常飞行、遥控器是否可以正常操作。

图 1-4　将无人机上升至 5 米左右的高度

　　➤ 拍摄性能是否正常。

　　在DJI Fly App中，先设置AUTO自动挡拍摄模式。当画面显示正常后，再拍摄几张照片和几段视频，然后在相册中查看是否可以正常回放照片和视频。如果条件允许的话，还可以取出存储卡，使用读卡器在计算机上进行读取播放。如果可以正常回放，说明拍摄性能完全正常。如果发现照片有彩色条纹，就说明摄像头的数据线出现故障了；如果发现照片和视频全黑，那就是无人机出现故障了，需要更换新机器。

　　➤ 测试无人机的避障。

　　此测试建议找熟练的飞手，新手不建议尝试。无人机默认是打开所有的避障设置的，为保险起见，建议打开DJI Fly App进行复核。先找到一面墙壁，让无人机飞至离墙壁还有1.5～3米的位置，查看App界面中是否有距离提示。如果有距离提示并发出报警，说明无人机的避障是没有问题的。不过最好选择在平稳挡和普通挡中测试，因为无人机在运动挡中的视觉系统是关闭的，不具备任何避障功能。

1.1.4 硬件检查与软件检查

关于检验无人机的知识，上面已经提及了很多要点。但对于无人机系统的检验，我们可以分为硬件检查和软件检查两个方面。

1. 硬件检查

- 飞行器机身与云台相机是否有损坏、划痕，螺丝、卡扣是否松动等。
- 电机启动时是否有异响、排气口是否堵塞。
- 螺旋桨是否损坏、型号是否正确、数量是否足够。
- 电池是否损坏或异常、电量是否足够、数量是否足够。
- 遥控器或手机的电量是否充足、USB-C连接线是否正常。
- 是否安装存储卡、内存是否足够。
- 充电器、充电管家是否损坏，它们能否正常使用。
- 电池电量和温度是否有问题。

2. 软件检查

- 检查DJI Fly App界面中的状态栏是否有错误提示和警报信息。
- 是否需要模块自检和固件升级。
- 飞行模式是否正确。
- 指南针是否存在异常（如果存在异常，就需要校准）。
- 摇杆模式是否适合你（有"美国手""日本手""中国手"的区别）。
- 图传质量是否良好（如果不好，就暂时不要飞行）。

1.2 无人机的起飞与降落要点

对新手而言，学会安全地起飞和降落无人机是非常重要的，因为大部分的炸机事件往往发生在起飞和降落的过程中。本节主要介绍无人机的相关起飞和降落技巧，希望用户可以熟练掌握这些内容。

1.2.1 起飞要点

在起飞无人机之前，需要选择起飞点。起飞点应选择四周空旷无高楼、地面平坦无杂草、上空无遮挡物、周围无流动人群的地方。

起飞之前还要检查无人机的各部分是否安全，比如螺旋桨的桨叶有没有装好、机身是否有松动或损坏、电池有没有卡紧等情况，无人机完整安全的样子如图1-5所示。

飞行器上一共有4个螺旋桨，如果只有3个卡紧了，有1个是松动的，那么飞行器在飞行的过程中很容易因为机身无法平衡而炸机。所以，用户在安装螺旋桨的时候，一定要安装正确。

图 1-5 无人机完整安全的样子

螺旋桨分正桨和反桨，也称为A桨和B桨，全黑的螺旋桨就是反桨，带灰色圈圈标记的就是正桨。正桨和反桨在对角线上是相同的，相邻的螺旋桨则是相反的。在安装螺旋桨的时候，一定要正确安装，不要安反了，不然会出现无人机飞不起来或者飞起来就炸机的情况。正确安装方法是一压、二转、三提，这样才能确保螺旋桨是卡紧的。

当我们将无人机放置在水平起飞位置后，应取下保护罩，并展开无人机的四个机臂，然后再按无人机的电源按钮，开启无人机。在飞行之前，我们还要检查无人机的电量是否充足，亮几格灯表示剩余几格电量，如图1-6所示，分别代表无人机只剩1格电和3格电。

图 1-6 1格电量与3格电量的亮灯显示

★ 专家提醒 ★

有些无人机航拍（包括直升机和多旋翼航拍），是需要多人配合才能完成的，这就涉及到了飞手、云台手与地勤人员的注意事项。

飞手与云台手、地勤人员要多配合联系，这样才能产生默契。云台手要保证遥控器的信号稳定，留意图传画面和全球定位系统（Global Positioning System，GPS）的信号；地勤人员要时刻关注天空中的风速情况和天气情况，在下雨、下雪、下冰雹之前，要提前通知飞手与云台手，然后收起飞机，结束飞行。

1.2.2　降落要点

无人机的降落方式，可以分为手动降落和智能返航。

手动降落是比较安全和保险的一种方式，只要场地开阔，遥控器和无人机都有足够的电量，用户对周围的环境也熟悉，那么就能保障其安全降落。

对于智能返航，需要满足几个关键条件：一是返航点在起飞时就刷新好了；二是返航高度设置合理；三是在返航的时候无人机有GPS信号；四是无人机的飞行状态不是处于视觉定位模式。

在降落无人机的过程中，一定要确认降落点是否安全，地面是否平整，对于凹凸不平的地面或山区，是不适合无人机降落的，如图1-7所示。如果用户在这种不平整的地面降落无人机的话，可能会损坏无人机的螺旋桨。

图 1-7　凹凸不平的地面或山区

在降落无人机的时候，用户还需要关注周围的环境，尤其是要随时注意降落点周围是否有玩闹的小孩、是否有电动车路过等，这样能避免第三方事故的发生。

对于遥控器的朝向，在操控遥控器的过程中，遥控器的天线与飞机的脚架要保持平行，而且天线与飞机之间不能有任何遮挡物，以免影响遥控器与飞行器之间的信号传输。

1.3　认识无人机及配件

认识无人机和各种配件，能让我们顺利地使用无人机，保证无人机的飞行安全。对于这部分知识，大家可以先有一个大致的了解，然后在实践中掌握相应的功能。本节将为大家介绍无人机及配件的知识。

1.3.1　认识飞行器

在取出御3 Pro飞行器的时候，其外面有一个黑色的保护罩。当取下保护罩之后，我们就可以展开它的4个机臂，再开启电源并起飞无人机。下面带大家认识展开机臂之后的飞行器，如图1-8所示。

扫码看教学视频

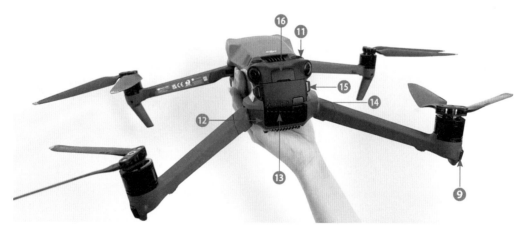

图 1-8　展开机臂之后的飞行器

❶ 一体式云台相机：左上是长焦相机；右上是中长焦相机；下方是哈苏相机。

❷ 水平全向视觉系统。

❸ 补光灯。

❹ 下视视觉系统。

❺ 红外传感系统。

❻ 机头指示灯。

❼ 电机。

❽ 螺旋桨。

❾ 飞行器状态指示灯。

❿ 脚架（内含天线）。

⓫ 上视视觉系统。

⓬ 智能飞行电池。

⓭ 电池电量指示灯。

⓮ 电池开关：短按一次，再长按 2 秒就可开机。

⓯ 电池卡扣：按住卡扣可把电池从飞行器中取出来。

⓰ 内含充电／调参接口（USB–C）和 Micro SD 卡槽。

1.3.2　认识遥控器

　　大疆御3 Pro系列的无人机可使用DJI RC-N1遥控器、DJI RC带屏遥控器和DJI RC Pro带屏遥控器。DJI RC-N1遥控器需要连接手机，剩下的两款遥控器则不需要连接手机。

　　本小节以DJI RC遥控器为例，详细介绍上面的各功能按钮，帮助大家掌握遥控器上各功能的作用和使用方法，如图1-9所示。

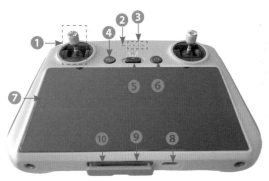
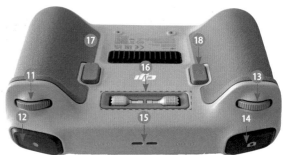

图 1-9　DJI RC 遥控器

❶ 摇杆：摇杆可拆卸，用于控制飞行器飞行，在 DJI Fly App 中可设置摇杆的操控方式。

❷ 状态指示灯：显示遥控器的系统状态。

❸ 电量指示灯：显示遥控器当前的电池电量。

❹ 急停 / 智能返航按钮：短按使飞行器紧急刹车并原地悬停，要在全球导航卫星系统（Global Navigation Satellite System，GNSS）或视觉系统生效时操作。长按可启动智能返航，再短按一次则取消智能返航。

❺ 飞行挡位切换开关：用于切换飞行挡位，分别为平稳挡、普通挡和运动挡。

❻ 电源按钮：短按一次，再长按两秒则可开启 / 关闭遥控器电源。短按可查看遥控器的电量。当遥控器开启时，短按可切换息屏和亮屏状态。

❼ 触摸显示屏：可点击屏幕进行操作，使用时请注意为屏幕防水（下雨天避免雨水打湿屏幕），防止屏幕因进水而损坏。

❽ 充电 / 调参接口（USB–C）：用于为遥控器充电或将遥控器与计算机连接。

❾ 存储卡（Secure Digital Memory Card，Micro SD）卡槽：可插入 Micro SD 卡。

❿ Host 接口（USB–C）：预留接口。

⓫ 云台俯仰控制拨轮：拨动它可调节云台俯仰角度。

⓬ 录像按钮：开始或停止录像。

⓭ 相机控制拨轮：默认控制相机平滑变焦，可在 DJI Fly 相机的"系统设置→操控→遥控器自定义按钮"界面中，设置为其他功能。

⓮ 对焦 / 拍照按钮：半按可进行自动对焦，全按可拍摄照片，短按可以返回到拍照模式（仅适用于录像模式）。

⓯ 扬声器：用来输出声音。

⓰ 摇杆收纳槽：用于放置摇杆。

⓱ 自定义功能按钮 C1：默认为"云台回中 / 朝下切换"功能，可在 DJI Fly 相机的"系统设置→操控→遥控器自定义按钮"界面中，设置为其他功能。

⓲ 自定义功能按钮 C2：默认为补光灯，可在 DJI Fly 相机的"系统设置→操控→遥控器自定义按钮"界面中，设置为其他功能。

1.3.3　学会操控摇杆

遥控器上摇杆的操控方式有3种，分别是"美国手""日本手""中国手"。遥控器出厂的时候，默认的操控方式是"美国手"。

什么是"美国手"呢？估计初次接触无人机的用户，可能听不懂这个词，"美国手"就是左摇杆控制飞行器的上升、下降、左转和右转，右摇杆控制飞行器的前进、后退、左移和右移，如图1-10所示。

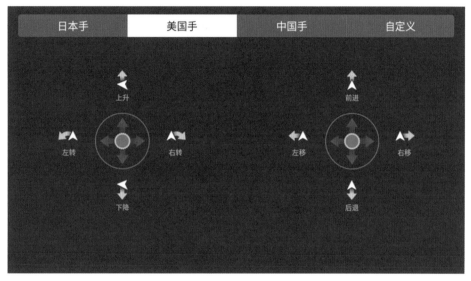

图 1-10　"美国手"的操控方式

"日本手"就是左摇杆控制飞行器的前进、后退、左转和右转，右摇杆控制飞行器的上升、下降、左移和右移，如图1-11所示。

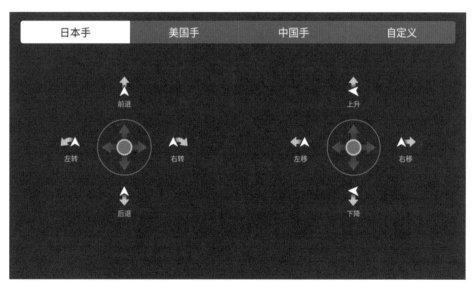

图 1-11　"日本手"的操控方式

"中国手"就是左摇杆控制飞行器的前进、后退、左移和右移，右摇杆控制飞行器的上升、下降、左转和右转，如图1-12所示。

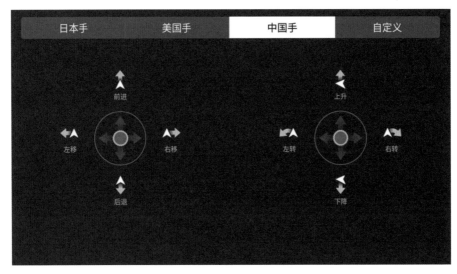

图 1-12　"中国手"的操控方式

在使用遥控器的过程中，大多数飞手都设置"美国手"的摇杆操作。如果你的无人机未设置为"美国手"，那么在外借给他人的时候，一定要提前做好沟通，并更改摇杆的操控方式。例如，假设用户设置的是"日本手"的摇杆操控方式，那么常规的向上推动左摇杆，就不会使无人机上升了，而是使无人机前进飞行。如果前方有障碍物或者路人的话，那么就会很容易造成无人机炸机或者出现伤人事件。

大家最好不要轻易更改摇杆的操控方式，最好将一种用到底，混用容易出现操作事故。

本书以"美国手"为例，介绍遥控器摇杆的具体操控方式，这是学习无人机飞行的基础和重点，希望用户可以熟练掌握。

下面介绍左摇杆的具体操控方式。

➢ 将左摇杆向上推，表示飞行器上升。

➢ 将左摇杆向下推，表示飞行器下降。

➢ 将左摇杆向左推，表示飞行器向左逆时针旋转。

➢ 将左摇杆向右推，表示飞行器向右顺时针旋转。

➢ 当左摇杆位于中间位置时，飞行器的高度、旋转角度均保持不变。

当飞行器起飞时，应该将左摇杆轻轻地往上推，让飞行器缓慢上升，慢慢离开地面，这样飞行才安全。如果用户猛地一下将左摇杆往上推，那么飞行器会急速上冲，油门过量，一不小心会引起炸机的风险。

下面介绍右摇杆的具体操控方式。

➢ 将右摇杆向上推，表示飞行器向前飞行。

> ➤ 将右摇杆向下推，表示飞行器向后飞行。
> ➤ 将右摇杆向左推，表示飞行器向左飞行。
> ➤ 将右摇杆向右推，表示飞行器向右飞行。
> ➤ 在向上、向下、向左、向右推杆的过程中，推杆的幅度越大，飞行的速度越快。

★ 专家提醒 ★

我们在操控摇杆的过程中，都应该养成慢慢推杆的操控习惯，保持飞行器平稳地飞行。可以把摇杆看成汽车上的油门，需要轻轻地踩它，汽车行驶才安全，如果油门踩得太快，前面又有障碍物的话，就会容易发生撞车。

摇杆还有一个特别实用的功能，就是当飞行器发生故障时，将左右双摇杆同时向下内掰或者外掰，可以使飞行器迅速在空中停桨，如图1-13所示，但是在飞行时需要谨慎使用该操作。

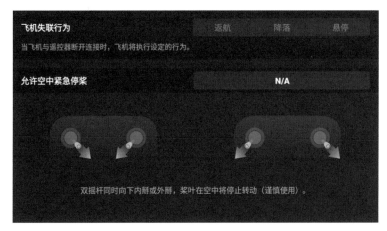

图 1-13　将左右双摇杆同时向下内掰或者外掰

1.3.4　掌握螺旋桨的安装和拆卸技巧

扫码看教学视频

大疆Mavic 3 Pro无人机使用降噪快拆螺旋桨，桨帽分为两种，一种是带灰色圆圈标记的螺旋桨，另一种是不带灰色圆圈标记的螺旋桨，如图1-14所示。

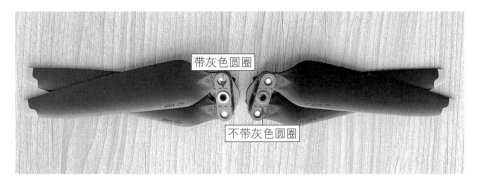

图 1-14　带灰色圆圈和不带灰色圆圈标记的螺旋桨

1. 安装方法

将带灰色圆圈的螺旋桨安装至带灰色标记的电机桨座上，如图1-15所示；将不带灰色圆圈的螺旋桨安装至不带灰色标记的电机桨座上，如图1-16所示。

图 1-15　带灰色标记的电机桨座　　　　图 1-16　不带灰色圆圈的电机桨座

将桨帽对准电机桨座的孔，如图1-17所示，嵌入电机桨座并按压到底，再沿边缘顺时针旋转螺旋桨到底，松手后螺旋桨将弹起锁紧，如图1-18所示。注意：安装完成后，一定要检查螺旋桨有没有锁紧。

图 1-17　将桨帽对准电机桨座上的孔　　　　图 1-18　螺旋桨将弹起锁紧

2. 拆卸方法

当我们不需要再飞行无人机了，就可以将无人机收起来。在折叠收起的过程中，需要将螺旋桨也收起来，这样可以防止螺旋桨伤到人或自己受伤。拆卸螺旋桨的方法很简单，只需要用力按压桨帽到底，然后沿螺旋桨所示锁紧方向反向旋转螺旋桨，就可以拧出和拆卸下来了。

1.3.5　认识无人机的电池

电池是专门为飞行器供电的。DJI Mavic 3智能飞行电池是一款带有充放电管理功能的电池，电池容量为5000mAh，额定电压为15.4V，这款电池采用高能电芯，并使用先进的电池管理系统。我们在购买无人机的时候，飞行器本身会自带一块电池，如果用户升级了购买套餐，那么就会多两块电池。用户在使用飞行器的时候可以交替使用电池。图1-19所示为DJI Mavic 3智能飞行电池。

图 1-19　DJI Mavic 3 智能飞行电池

在飞行无人机时，一块电池只能用30多分钟。那么，如何正确使用电池，从而延长电池的寿命呢？这一点非常重要。下面讲解几条使用和保管电池的要点。

第1条，无人机在室外飞行的过程中，我们不能将电池长时间置于太阳下，特别是炎热的夏天，室外的温度比较高，对电池不太好，因为电池能承受的最高温度是40℃。

第2条，无人机中的电池电量使用完后，我们不要急于给电池充电。因为刚使用完的电池还处于发热状态，要等电池完全冷却后，再给电池充电，这样可以延长电池的使用寿命。如果我们对一块发热的电池反复充电、使用，这样电池很快就报废了，这一点要注意。

第3条，当飞行器中的电池电量低于20%的时候，无人机会有自动返航提示。这个时候最好停止飞行，让无人机安全降落。如果电池电量低于10%，无人机系统将自动进行安全降落。那么，无人机会降落在哪里呢？无人机将自动按照先前设定的返航点进行安全降落。

第4条，电池需要放在阴凉通风的地方保存，如果用户有很长一段时间不需要再使用无人机了，电池中要留一些余电在里面，不要把电全部放干净了，也不能将电池充满电进行保存，这两种方式都是不对的。

第5条，在冬天温度较低的时候，电池也会慢慢放电。比如，无人机的电池刚充满电，但室外温度较低，充电之后的3天都没有使用无人机飞行，等第4天你准备飞行的时候，却发现电量只有60%了。这是由于天气温度低导致电池自动放电，用户需要重新把电池充满电，再飞行无人机。

第6条，如果我们带着无人机出远门，也不要把电池充满电，而且要给电池装上保护套，以保护电池的安全。如果我们要上飞机，一定要记得将电池放入随身携带的背包中，而不能放入托运的行李中，航空公司是禁止托运锂电池的。用户在过安检的时候，要把电池单独放入一个篮子中接受检查，便于航空工作人员排除安全风险。

第7条，电池的最佳充电温度为25（±3）℃，在此温度范围内充电可延长电池的使用寿命。对于不经常使用的无人机，建议用户每隔3个月左右重新充电一次，以保持电池活性。在DJI Fly App的"系统设置→操控→电池信息"界面中可以查看电池的电芯状态、电池序列号和电池循环次数等信息，如图1-20所示。

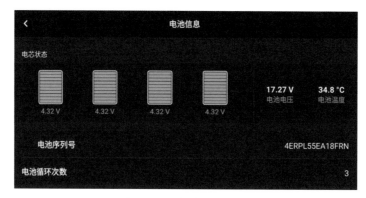

图 1-20　查看电池信息

1.3.6　检查电量并正确充电

在智能飞行电池关闭的状态下，短按电池开关一次，可查看当前的电量，如图1-21所示。一共有4格电，全部灯亮则代表满电，亮几格灯代表剩余多少电量。

为智能飞行电池充电的方式主要有两种。一种是用100W的桌面充电器或者65W的便携充电器充电，如图1-22所示。这种充电方式的好处是方便，不用拔出飞行器中的电池。但充电的速度可能会慢一些，并且只能为单个电池充电，不能一次性充满几个电池的电量。

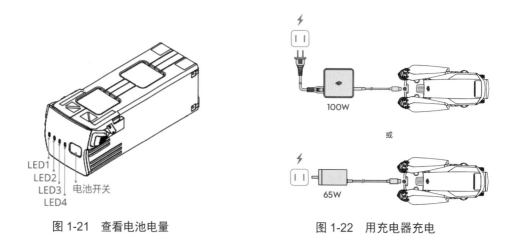

图 1-21　查看电池电量　　　　　　　图 1-22　用充电器充电

另一种充电方式是把100W充电管家与100W的桌面充电器搭配在一起充电，如图1-23所示。充电管家会根据电池的电量由高到低依次为电池充电，这种充电方式的优点是一次性就能充满3块电池，缺点则是需要烦琐地拔出和安装电池。电池亮绿色指示灯的时候，代表无人机正常充电；充满电则不亮灯；黄灯闪烁代表电池温度不对；红色则代表充电异常。

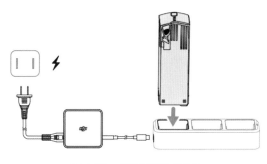

图 1-23　用充电管家充电

用充电器充电的时候，需要关闭电池的电源再充电，也尽量不要在电池发热的时候充电。当电量指示灯全部熄灭的时候，表示电池已充满电了，需要及时把电池与充电器断开。充满单块电池的时间大约为1小时10分钟。

我们在为电池充电的时候，一定要选择通风条件好的地方。如果室内温度低于5℃，就会出现给电池充不进电的情况。还有，在充电的过程中，要防止小孩拿着电池玩耍，这样会影响电池的寿命，尽可能将电池放在小孩碰不着的地方。

1.3.7　认识云台相机

近年来，随着无人机的不断更新和进步，无人机中的三轴稳定云台为无人机相机提供了稳定的平台，可以使无人机在天空中高速飞行的时候，也能拍摄出清晰的照片和视频。

大疆Mavic 3 Pro相机云台可控角度范围为俯仰-90°至35°，平移-5°至5°。

在飞行无人机的过程中，用户有两种方法可以调整云台的角度。一种是通过遥控器上的云台俯仰拨轮，调整云台的拍摄角度；另一种是在DJI Fly App的相机界面中，长按图传屏幕，直至出现云台角度控制条，通过上下或左右拖曳的方式，调整云台的俯仰、平移角度。

根据拍摄需求，云台可在跟随模式和第一人称主视角（First Person View，FPV）模式下工作，以拍摄出用户需要的照片或视频画面。图1-24所示为大疆Mavic 3 Pro的云台相机。

图 1-24　大疆 Mavic 3 Pro 的云台相机

★ 专家提醒 ★

云台是非常脆弱的设备，我们在操控云台的过程中，需要注意的是，在开启无人机的电源后，请勿再碰撞云台，以免云台受损，导致云台性能下降。另外，在沙漠地区使用无人机时，注意不能让云台接触沙粒，如果云台进沙粒了，那么会造成云台活动受阻，同样会影响云台的性能。

大疆Mavic 3 Pro云台上有3款相机，可在多个焦段间自如切换，适应各种场景的拍摄构图。主相机是哈苏相机，采用4/3CMOS，有效像素2000万，支持原生12.8挡动态范围和f/2.8至f/11可变光圈，最高可稳定拍摄5.1K的超高清视频，并支持拍摄10 bit D-Log视频。

中长焦相机采用1/1.3英寸CMOS，可拍摄3倍光学变焦的4K视频及4800万像素的照片，也可捕捉最高7倍数字变焦的影像。

长焦相机采用1/2英寸CMOS，可拍摄7倍光学变焦的4K视频及1200万像素的照片，混合变焦高达28倍。大家可以根据拍摄需要切换焦段，在拍摄时也需要保持相机的清洁。

第 2 章
快速上手：遥控器与 DJI Fly 的用法

无人机是一个飞行器，需要配合 DJI Fly App 使用，才能在天空中飞得更好、更安全。本章我们来学习 DJI Fly App 的使用技巧。首先学习如何连接飞行器与登录 DJI Fly 账号；然后熟悉 DJI Fly App；最后学会进行系统设置、固件更新和飞行安全数据更新，快速上手使用遥控器与 DJI Fly App。

2.1 连接飞行器与登录 DJI Fly 账号

对于大疆Mavic 3 Pro无人机，需要在DJI Fly App中操作才能飞行。本节主要介绍连接飞行器与登录DJI Fly账号的操作方法。

2.1.1 连接遥控器与飞行器

当我们激活DJI设备之后，就可以把遥控器与飞行器连接起来了，这样就能操控无人机了。下面将为大家介绍如何把RC遥控器与飞行器连接起来。

扫码看教学视频

步骤 01 开启RC遥控器与飞行器的电源，在遥控器中进入DJI Fly App的主页，点击"连接引导"按钮，如图2-1所示。

图 2-1　点击"连接引导"按钮

步骤 02 进入"选择一款飞机"界面，选择DJI MAVIC 3 PRO选项，如图2-2所示。

图 2-2　选择 DJI MAVIC 3 PRO 选项

步骤 03 待遥控器与飞行器对频配对成功后，就会进入相应的主页，在其中点击GO FLY按钮，如图2-3所示。

图 2-3　点击 GO FLY 按钮

步骤 04 即可进入DJI Fly相机界面，如图2-4所示，遥控器与飞行器已经正确连接。

图 2-4　进入 DJI Fly 相机界面

★ 专家提醒 ★

　　除了使用 App 对频飞行器，还可以使用快捷组合键对频飞行器。在开启飞行器及遥控器的电源之后，同时按下遥控器上的自定义按钮 C1、C2 和录像按钮，此时遥控器状态指示灯蓝灯闪烁，并发出"嘀嘀"的提示音，表示进入对频状态。

　　长按飞行器电池开关 4 秒以上，进入对频，飞行器电池电量指示灯循环闪烁，并发出"嘀嘀嘀"的提示音。对频成功后遥控器发出"嘀嘀"的两声提示音，状态指示灯绿灯常亮，表示配对成功。

2.1.2　登录DJI Fly账号

　　对于没有注册过大疆旗下产品账号的新人用户，在登录DJI Fly App的时候，需要用手机号码注册相应的账号。如果已经有了DJI Fly账号，那么就可以直接登录，下面介绍登录方法。

扫码看教学视频

　　步骤 01 开启RC遥控器与飞行器的电源，在遥控器中进入DJI Fly App的主页，点击"我的"按钮，如图2-5所示。

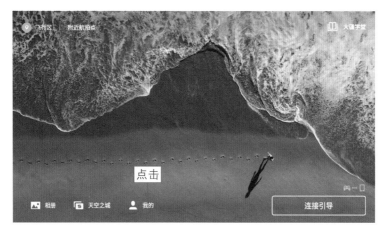

图 2-5　点击"我的"按钮

步骤 02 在"我的"界面中点击"登录"按钮，如图2-6所示。

图 2-6　点击"登录"按钮

步骤 03 ❶在弹出的界面中输入手机号码；❷选中"我已阅读并同意大疆创新的用户协议、隐私通知和信息授权"复选框；❸点击"下一步"按钮，如图2-7所示。

图 2-7　点击"下一步"按钮

步骤 04 ①输入密码；②点击"登录"按钮，如图2-8所示。

图 2-8 点击"登录"按钮

步骤 05 ①弹出"登录成功"提示；②点击"更多飞行数据"按钮，如图2-9所示。

图 2-9 点击"更多飞行数据"按钮

步骤 06 进入"飞行数据中心"界面，弹出"飞行记录云备份"对话框，如图2-10所示，用户可以选择备份飞行记录。在"飞行数据中心"界面中，还可以查看过往的飞行记录。

图 2-10 弹出"飞行记录云备份"对话框

2.2 熟悉 DJI Fly App

启动DJI Fly App之后，即可进入DJI Fly App的主页。我们要熟悉该App各个主页和界面上的功能，这对飞行、后期操作都非常有帮助。

2.2.1 认识主页

扫码看教学视频

主页是我们一启动DJI Fly App就见到的画面，了解和认识DJI Fly App主页上的按钮和功能，可以帮助我们更好地使用这款软件。下面带大家一起认识主页，如图2-11所示。

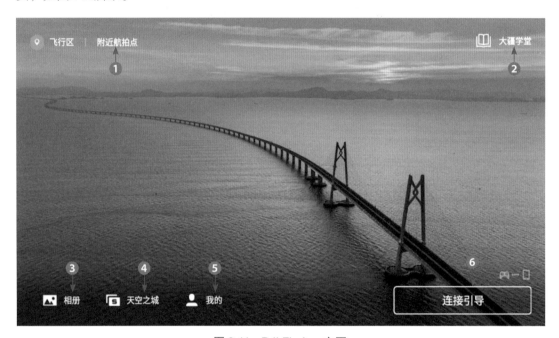

图 2-11　DJI Fly App 主页

❶ 飞行区｜附近航拍点：点击该按钮，可查看或分享附近合适的飞行或拍摄地点，了解限飞区域的相关信息，以及预览不同地点的航拍图集等。

❷ 大疆学堂：点击该按钮，进入大疆学堂，可选择产品类型，查看相应产品的功能教程、玩法攻略、飞行安全和说明书。

❸ 相册：点击该按钮，访问飞行器相册及本地相册。

❹ 天空之城：点击该按钮，可观看天空之城精彩视频及图片。

❺ 我的：点击该按钮，可查看账户信息及飞行记录；访问 DJI 论坛、DJI 商城；使用找飞机功能；下载离线地图；其他设置如固件更新、飞行界面、清除缓存、隐私、语言等。

❻ 连接引导：点击该按钮，可以连接飞行器；如果已经连接飞行器，点击该按钮，可以进入相机界面。

★ 专家提醒 ★

在 DJI RC 遥控器上的相册界面中不能创作视频，只有手机版 DJI Fly App 中的相册才有"创作"功能，用户可以为素材套用模板，也可以自行剪辑视频。

2.2.2　认识快捷面板

当我们在DJI RC遥控器中启动DJI Fly App后，进入主页并从屏幕顶部边缘连续向下滑，就可以进入快捷面板，如图2-12所示。

图 2-12　快捷面板

❶ 通知：下方显示了系统通知，点击 █ 按钮可清除通知。

❷ 系统设置：点击 ◉ 按钮可打开系统"设置"菜单，可进行网络、蓝牙、声音等系统设置，并且可以查看功能指南，快速了解遥控器按钮及指示灯信息。

❸ 时间 / 日期：查看时间和日期。

❹ 快捷方式栏：点击 WLAN 按钮可开启 / 关闭无线网络（Wireless Fidelity，Wi-Fi），长按可选择或设置需要连接的 Wi-Fi 网络；点击"蓝牙"按钮可开启 / 关闭蓝牙连接，长按可进行蓝牙连接

设置；点击"飞行模式"按钮可开启 / 关闭飞行模式，开启时会关闭 Wi-Fi 和蓝牙功能；点击"静音"按钮设置静音，可屏蔽系统消息弹窗，并完全关闭遥控器提示音；点击"屏幕录制"按钮可开启 / 关闭录屏功能，不过需要插入 SD 卡才可使用；点击"屏幕截图"按钮可以对当前画面进行截屏，不过需要插入 SD 卡才可使用；点击"移动数据"按钮可以开启数据流量，不过要插入客户识别模块（Subscriber Identity Module，SIM）卡。

❺ 屏幕亮度调节：拖动滑动条可调节屏幕亮度。

❻ 音量调节：拖动滑动条可调节媒体音量。

★ 专家提醒 ★

　　使用快捷面板中的"屏幕截图"功能不能截屏快捷面板中的画面，而使用"屏幕录制"功能则可以录制快捷面板的画面。

2.2.3　认识相机界面

认识DJI Fly App相机界面中各按钮和图标的功能，可以帮助我们更好地掌握无人机的飞行技巧。在DJI Fly App主页中，点击GO FLY按钮，即可进入DJI Fly App相机界面，如图2-13所示。

图 2-13　DJI Fly App 相机界面

❶ 返回按钮：点击该按钮，可返回到 DJI Fly App 的主页中。

❷ 飞行挡位：当前的飞行挡位是"普通挡"，在 RC 遥控器上可切换挡位至"平稳挡"或"运动挡"。

❸ 飞行器状态指示栏：显示飞行器的飞行状态，以及各种警示信息，当前显示"飞行中"。

❹ 航点飞行按钮：点击该按钮，可开启 / 退出航点飞行模式。

❺ 智能飞行电池信息栏：显示当前智能飞行电池电量百分比及剩余可飞行时间，点击可查看更多电池信息。

❻ 图传信号强度：显示当前飞行器与遥控器之间的图传信号强度，点击该图标，可查看强度。

❼ 视觉系统状态：图标左边部分表示水平全向视觉系统状态，右边部分表示上、下视觉系统状态；图标白色表示视觉系统工作正常，红色表示视觉系统关闭或工作异常，此时无法躲避障碍物。

❽ GNSS 状态：显示 GNSS 信号强弱，点击该图标，可查看具体 GPS 信号的强度和星数。当图标显示为白色时，表示 GNSS 信号良好，可刷新返航点；当图标显示为红色时，则需要谨慎飞行。

❾ 系统设置按钮：系统设置包括安全、操控、拍摄、图传和关于，详情见下一节。

❿ 拍摄模式按钮：点击该按钮，可以设置具体的拍摄模式。

⓫ 对焦条：有 1 倍、3 倍、7 倍可选，在探索模式下，可支持 28 倍变焦。

⓬ 拍摄按钮：点击该按钮，可触发相机拍照或开始 / 停止录像。

⓭ 对焦按钮：点击该按钮，可切换对焦方式（有 AF/MF），长按该按钮可调出对焦条。

⓮ 回放按钮：点击该按钮，可以查看已拍摄的视频及照片。

⓯ 相机挡位切换按钮：在拍照模式下，支持切换 Auto 和 Pro 挡，在不同挡位下可设置的参数不同。

⓰ 曝光值：数字为 0 代表曝光正常；负值代表画面暗；正值大则代表曝光过度。

⓱ 拍摄参数：显示当前的拍摄参数，点击该图标，可设置分辨率和帧率参数。

⓲ 存储信息栏：显示当前 SD 卡及机身的存储容量，点击该图标，可展开详情。

⓳ 飞行状态参数：显示飞行器与返航点水平方向的距离（D）和速度，以及飞行器与返航点垂直方向的距离（H）和速度。

⓴ 地图：点击可打开地图面板，或者切换至姿态球。姿态球支持切换以飞行器为中心 / 以遥控器为中心，会显示飞行器的机头朝向、倾斜角度、遥控器、返航点位置等信息。

㉑ 自动起飞 / 降落 / 智能返航按钮：显示自动起飞 / 降落时，点击该按钮，展开控制面板，长按可以使飞行器自动起飞或降落；显示智能返航时，点击该按钮，展开控制面板并长按，让飞行器自动返航降落并关闭电源。

★ 专家提醒 ★

在相机界面中，除了点击相应的按钮或者图标进行操作，还可以对画面进行快捷操作，下面介绍 3 种常用的画面快捷操作方法。

（1）在飞行过程中，连续点击画面上的兴趣点两次，飞行器会自动转动云台相机，将该点置于画面中心；

（2）在相机界面中长按，可以调出云台角度控制条，之后在屏幕中上下左右拖曳，可以控制云台的俯仰或平移角度；

（3）点击屏幕可触发点对焦 / 点测光，在不同的拍摄模式、对焦模式、曝光模式和测光模式下，点击屏幕将触发不同的对焦 / 测光显示情况。

2.3　学会进行系统设置

DJI Fly App中的系统设置有5个界面，在其中我们可以进行相应的设置，辅助我们的飞行。本节将详细介绍这5个界面中的一些设置。

2.3.1　安全设置

点击系统设置按钮 ▪▪▪，进入的第一个界面就是"安全"设置界面，部分设置如图2-14所示。下面将对相应的设置进行详细的介绍。

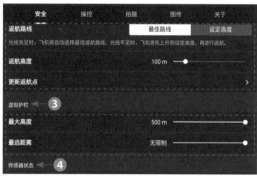
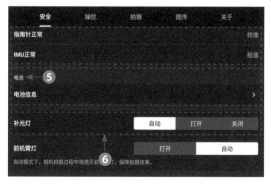
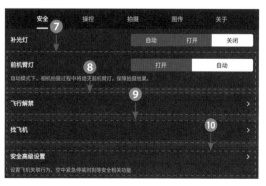

图 2-14　"安全"设置界面

❶ 辅助飞行: 在"避障行为"中选择"绕行"或"刹停"选项后，在打杆飞行时，将打开水平全向视觉系统；选择"关闭"选项后，飞行器无避障功能。开启"显示雷达图"功能后，相机界面将显示实时障碍物检测雷达图。

❷ 返航: 可设置返航路线、返航高度和更新返航点，设置 100m 左右的返航高度，是比较保险的。

❸ 虚拟护栏: 设置飞行的最大高度和最远距离。在非限高区，可以设置最大高度为 500m; 在限高区，最大高度可设置为 120m。

❹ 传感器状态: 可查看指南针和惯性测量单元（Inertial Measurement Unit，IMU）的状态，如果有异常，一定要按提示校准。

❺ 电池: 点击▶按钮，可以查看电池信息详情，包括电芯状态、电池序列号和电池循环次数。

❻ 补光灯: 可设置补光灯自动、打开或关闭，未起飞时请勿打开补光灯。

❼ 前机臂灯: 可设置为打开或自动。在自动模式下，相机在拍摄的过程中，会熄灭前机臂灯，保证拍摄效果。

❽ 飞行解禁: 点击▶按钮，可查看飞行解禁相关信息。

❾ 找飞机: 利用地图或使飞行器启动闪灯鸣叫，以此查找飞行器的位置。

❿ 安全高级设置: 当遥控器失去信号时，飞行器失联可选择返航、降落或悬停；空中紧急停桨设置需要谨慎使用，因为空中停机将造成飞行器坠毁；开启 Air Sense（空气感）后，DJI Fly 将在检测到附近空域有载人飞机时，发出警示。

2.3.2 操控设置

点击"操控"按钮，可以进入"操控"设置界面，部分设置如图 2-15 所示。下面将对相应的设置进行详细的介绍。

图 2-15 "操控"设置界面

❶ 飞机: 可设置公制或英制单位; 可开启目标扫描开关，飞行器将自动扫描目标并显示预选目标点; 在操控手感设置中可设置飞行器最大水平速度、最大上升速度、最大下降速度、最大转向速度、转向平滑度、刹车灵敏度及 Expo 曲线、云台最大俯仰速度和俯仰平滑度。

❷ 云台: 设置云台模式（跟随模式、FPV 模式），进行云台校准和控制云台回中或朝下。

❸ 遥控器: 包括选择摇杆模式（日本手、美国手、中国手、自定义）、遥控器自定义按钮功能设置，以及遥控器校准入口。

❹ 室外飞行教学: 点击▶按钮，可以观看飞行教学视频。

❺ 重新配对（对频）: 如果遥控器未与飞行器配对，就要点击该按钮进行配对。

2.3.3 拍摄设置

不同的拍摄模式，"拍摄"设置界面会有细微的区别。本小节主要介绍录像模式和拍照模式下的"拍摄"设置界面。

1. 录像模式

点击"拍摄"按钮，可以进入"拍摄"设置界面。如果相机处在录像模式下，那么设置界面会有部分变化，部分设置如图2-16所示。下面将对部分设置进行详细的介绍。

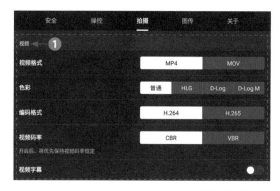

图 2-16　录像模式的"拍摄"设置界面

❶ 视频：可以设置视频格式、色彩、编码格式和视频码率，也可以选择关闭视频字幕。

❷ 通用：包括设置抗闪烁、峰值等级和白平衡，开启 / 关闭直方图、过曝提示和辅助线。

2. 拍照模式

在拍照模式下，设置界面会有部分变化，部分设置如图2-17所示。下面将对部分设置进行详细的介绍。

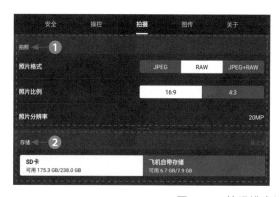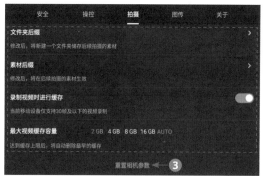

图 2-17　拍照模式的"拍摄"设置界面

❶ 拍照：可以设置照片格式、照片比例，用户根据后期需要和喜好设置即可。

❷ 存储：设置存储位置为"SD 卡"或者"飞机自带存储"；设置"文件夹后缀"会新建一个文件夹来存储素材；设置"素材后缀"会在后续拍摄

的素材中生效；可以开启 / 关闭"录制视频时进行缓存"；还可以设置"最大视频缓存容量"，达到缓存上限后，将自动删除最早的缓存。

❸ 重置相机参数：点击该按钮，可将相机参数恢复至出厂设置。

2.3.4　图传设置

点击"图传"按钮，可以进入"图传"设置界面，如图2-18所示，在其中可以设置图传频段和信道模式（DJI RC遥控器不支持直播平台和HDMI输出功能）。

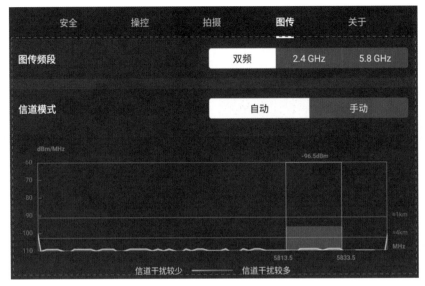

图 2-18　"图传"设置界面

2.3.5　关于设置

点击"关于"按钮，可以进入"关于"设置界面，如图2-19所示。下面将对相应的设置进行详细的介绍。

图 2-19　"关于"设置界面

❶ 在界面中可查看设备名称、Wi-Fi 名称、设备型号、App 版本、飞机固件版本号、遥控器固件版本号、飞行安全数据、产品序列号（Serial Number，SN）等信息。

❷ 重置所有设置：点击该按钮可重置所有设置，可将相机、云台、飞行安全所设置的参数恢复至出厂模式。

2.4　固件更新与飞行安全数据更新

不管哪一款无人机，都会遇到固件更新和飞行安全数据更新的问题。更新和升级系统可以帮助无人机修复系统漏洞，或者新增某些功能，提升飞行的安全性。我们在进行更新前，一定要保证遥控器和飞行器都有足够的电量，以免中断更新过程，导致无人机系统崩盘。本节将介绍固件更新与飞行安全数据更新的方法和步骤。

★ 专家提醒 ★

如果不确定无人机是否需要固件更新和飞行安全数据更新，可以在"关于"设置界面中，点击"飞机固件"和"飞行安全数据"右侧的"检查更新"按钮。如果需要更新，则会弹出相应的提示。

2.4.1　固件更新

扫码看教学视频

在遥控器断网的情况下，可能不会弹出固件更新的提示，所以最好定期为遥控器联网，检查固件是否需要更新，在更新的时候也需要开启飞行器的电源。下面将为大家介绍固件更新的具体操作方法。

步骤01 开启RC遥控器与飞行器的电源，在遥控器中进入DJI Fly App的主页，右上角弹出相应的固件更新提示，点击"更新"按钮，如图2-20所示。

步骤02 即可下载固件，并显示相应的下载进度，点击"详情"按钮，如图2-21所示。

图 2-20　点击"更新"按钮

图 2-21　点击"详情"按钮

步骤03 进入相应的界面，查看固件版本所占的内存大小和版本号，如图2-22所示。

图 2-22　查看固件版本所占的内存大小和版本号

步骤04 点击▨按钮退出界面，等固件更新成功之后，右上角会弹出更新成功的提示，如图2-23所示。

图 2-23　弹出更新成功的提示

2.4.2　飞行安全数据更新

扫码看教学视频

大部分人在户外飞行无人机的时候，大多数情况下可能都不会联网，所以最好在外出飞行前进行联网，检查是否需要更新固件或者更新飞行安全数据。在室内用Wi-Fi下载和更新数据会比用热点流量下载快一些，这样能留更多的时间和电量用在飞行中。

如果在户外飞行的过程中，遥控器弹出相应的更新提示，用户可以暂时忽略更新信息，等结束飞行拍摄之后再更新，保障飞行的安全和效率。下面将为大家介绍更新飞行安全数据更新的具体操作方法。

步骤01 开启RC遥控器与飞行器的电源，在遥控器中进入DJI Fly App的主页，右上角弹出相应的更新提示，点击"更新"按钮，如图2-24所示。

图 2-24　点击"更新"按钮

步骤 02 即可下载飞行安全数据，并显示相应的下载进度，如图2-25所示。

图 2-25　显示下载进度

步骤 03 等数据更新成功之后，右上角会弹出更新成功的提示，如图2-26所示。

图 2-26　弹出更新成功的提示

第 3 章

小心炸机：应急处理飞行风险

　　飞行在一定程度上存在着风险，虽然大疆 Mavic 3 Pro 无人机有全向避障，但是操作不当的话，还是可能会炸机。所以，预防炸机、降低飞行风险，是每个飞手都要掌握的技能，甚至和学会飞行技能一样重要，毕竟御 3 无人机都是价值上万的，炸机的经济损失非常大。本章主要带领大家学习飞行注意事项，预防炸机。

3.1　与飞行环境有关的炸机

如果无人机的飞行环境不理想，信号干扰强烈的话，无人机很容易炸机。在飞行前，我们需要熟知与无人机飞行环境有关的炸机风险，提前规避，减少损失。

3.1.1　CBD高楼干扰信号

【经典案例】：我有一个朋友，刚买无人机不久，想着在城里飞一下，练练技术。城里的高楼大厦很漂亮，玻璃幕墙特别显高档。我这个朋友，就把无人机飞到了这些中央商务区（Central Business District，CBD）高楼之间穿梭，拍摄出来的视频很漂亮，可是突然之间无人机就撞玻璃了，直接炸机摔了下来。

【经验分享】：无人机在CBD高楼间飞行，玻璃幕墙很容易影响无人机接收信号。在室外飞行无人机的时候，是依靠GPS定位的，一旦信号不稳定，无人机在空中就会失控。特别是当无人机穿梭在楼宇间时，飞手有时候是看不到无人机的，只能通过图传屏幕看到无人机前方的情况，上、下、左、右都没法看到。这个时候如果无人机的左侧有玻璃幕墙，而飞手在不知道的情况下直接将无人机向左横移，那么无人机就会直接撞上玻璃幕墙，导致炸机。

新手在飞行无人机的时候，一定要保证无人机在可视范围内飞行。因为很多情况和环境因素都无法预测，再加上自己的经验不足，就很容易炸机。我们在DJI Fly App的"安全"设置界面中，选择"刹停"避障行为，并开启"显示雷达图"功能，如图3-1所示。这样当无人机在飞行中，如果检测到了障碍物，将会显示雷达图，并自动悬停。

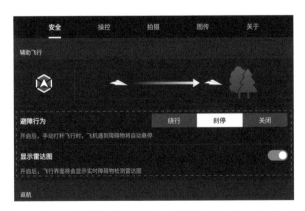

图 3-1　选择"刹停"避障行为，并开启"显示雷达图"功能

3.1.2　机场和军、警、党、政等禁飞区

【经典案例】：近几年，出现了一系列无人机"黑飞"事件，特别是机场，属于"重灾区"，无人机干扰航班正常起降的新闻屡见不鲜。2017年4月26日，成都双流机场发生"无人机扰航"事件，共造成22架航班备降；2017年5月1日，昆明市长水国际机场北端受

到无人机扰航影响，导致至少8个航班备降。

军、警、党、政机关等上空周围也是属于禁飞区。2020年4月9日，有3人在长沙的军用机场净空保护区"黑飞"拍宣传片，各被罚了200元。

【经验分享】：无人机的"黑飞"事件对公共安全产生了直接威胁，随之国家也出台了一系列针对无人机等"低慢小"航空器的专项整治措施，对于违法飞行无人机的人进行严抓严打，情节严重者还可能构成犯罪，需依法追究刑事责任。所以，机场和军、警、党、政等禁飞区的上空，是无人机的"天敌"，千万不能飞。

在DJI Fly App的主页中点击"飞行区 | 附近航拍点"按钮，并进入"地图"界面，可以查看禁飞区，如图3-2所示，机场禁飞区呈红色糖果的形状展示，军、警、党、政等禁飞区呈红色圆形的形状展示。

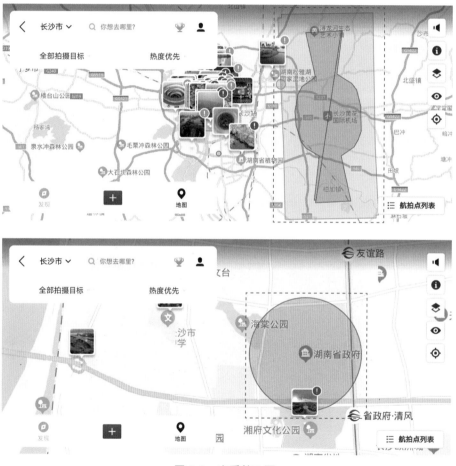

图 3-2　查看禁飞区

不过有些禁飞区不一定会在地图上展示，比如机密的军事基地，就不会详细地在地图上标注。如果你在这些区域上方飞行，不仅信号会受到雷达的干扰，导致炸机，还有可能会被"打"下来，并被没收飞行器或者存储卡。

如果要在禁飞区飞行，最好提前进行报备，通过报备之后才不会是"黑飞"。

3.1.3　贴水面、地面飞行

【经典案例】：有一个飞手在水面上飞行无人机的时候，无人机忽然飞到水里面去了，无人机的"尸体"都捞不上来，直接损失了一架大疆Maivc 3。

还有一个飞手看到短视频博主用无人机进行贴地飞行，他觉得很酷，于是自己也让无人机贴地飞行，可是无人机飞行的速度太快了，也来不及刹车，一个高度差就导致无人机撞在阶梯上炸机了。

【经验分享】：当我们使用无人机贴着水面飞行的时候，无人机的气压计会受到干扰，无法精确定位无人机的高度，并且水面也会反射无人机的信号，干扰飞行。当无人机在水面飞行的时候，经常会出现掉高现象——无人机越飞越低，如果不控制无人机飞到足够的高度，一不小心无人机就会飞到水里去了。所以，一定要让无人机在你的可视范围内飞行，这样才好规避飞行风险。

非常不建议用户让无人机贴近水面或者地面进行拍摄，这样会给无人机的飞行带来安全隐患。无人机贴着地面飞行，还可能撞到行人。如果无人机一定要在水面上飞行，建议飞得高一点；如果无人机要贴地飞行，建议在平坦、开阔、人少的地方飞行，速度也不要太快，方便及时刹车。

3.1.4　夜间飞行有风险

【经典案例】：有一个朋友去爬武功山，想拍摄第二天的日出，夜间爬到山顶之后，就拿起了无人机起飞。飞了一会儿之后，发现无人机飞不回来了，也不知道去哪了。最后导致无人机电池用完，被迫下降，第二天找了很久才找到丢失的无人机。

【经验分享】：夜间飞行无人机，由于视线受阻，会导致无人机的避障功能失效，我们只能通过图传屏幕来判断四周的环境，这个时候用户可以打开"前机臂灯"功能，如图3-3所示，使无人机的前臂灯能在黑暗的天空中闪烁，这样可以方便用户在夜间找到无人机，并远距离知道无人机是否朝向用户。

图 3-3　打开"前机臂灯"功能

3.1.5 室内飞行有风险

【经典案例】：有个飞手在室内飞行无人机，无人机突然就失控了，上下飘浮不稳定，很快就直接撞墙炸机了，不过还好没有撞到人。

【经验分享】：在室内飞行无人机，需要一定的水平，因为室内基本没有GPS信号，无人机是依靠光线进行定位的，处于"视觉定位"飞行模式，在飞行中会有不稳定感，稍有不慎就有可能出现无人机飘浮而撞到家具或者墙壁的情况。在降落的时候，无人机也会认为电器、家具等物件是障碍物，在开启避障模式的情况下，是很难使其正常降落的。所以，不建议用户在室内飞行。

3.1.6 人群密集的地方

【经典案例】：在短视频平台看到一段某个旅游景点的视频，视频里有个飞手在景点起飞无人机。当时四周游客较多，飞手没有很好地控制无人机的飞行方向，导致无人机失控，撞到了游客，伤导了游客的腿、最后赶紧把游客送医院治疗了。

【经验分享】：如果你是航拍新手，尽量不要在有人的地方飞行，以免造成第三者损伤。当飞手过于紧张的时候，双手控制摇杆方向的时候就容易出错，这也是为什么很多新手司机上路会把刹车当油门了。如果你是新手，在练习飞行技术的时候，一定要找一大片空旷的地方练习，等自己的飞行技术达到一定的水平了，再挑战复杂一点的航拍环境。

现在大疆Mavic 3 Pro无人机有了变焦功能，用户可以用7倍焦段远距离航拍人群，如图3-4所示，这样就能避免无人机飞到人群密集的地方。

图 3-4 用 7 倍焦段远距离航拍人群

3.1.7 山区和海拔超6000米的环境

【经典案例】：有个飞手在高山上飞行，想航拍清晨山区中云雾缭绕的画面，也想围着某座单独的山峰飞拍一圈，结果无人机飞到山峰背面的时候，GPS突然没有信号了，图传画面也没有显示，最后由于无人机失控导致炸机。

【经验分享】：我们在山区飞行的时候，在一般情况下，GPS信号还是比较稳定的，如果贴着陡崖或者峡谷飞行，那么就会影响GPS信号的稳定性；在起飞的时候，如果上方有很多树木等遮挡物，也会遮挡GNSS信号。所以，我们在山区飞行的时候，一定要时刻观察周围的环境，不要因为遮挡物过多而影响无人机飞行的稳定性。

山区的天气也不太稳定，在海拔比较高的山区中还经常下雨、下冰雹，而且气流也比较大，上升下降时都会使无人机摇摇晃晃的。遇到这种恶劣的环境和天气，一定要提前收起无人机。注意，不能在海拔在6000米以上地区起飞，因为在高海拔地区飞行，多种环境因素会导致飞行器电池及动力系统性能下降，飞行性能会受到影响。

3.1.8 大风、雨雪、雷电天气谨慎飞行

【经典案例】：和同事约了一起去海边拍风光片，当天的天气不太好，风比较大，无人机在空中没飞多久，就开始有大风了。眼看着风力越来越大，还有雷声，我就赶紧将无人机下降收起来了。我让同事也一起收了，可是他还要飞，说海边的云彩好看。后来风力越来越大，无人机被风越吹越远，怎么操作也飞不回来了，双桨也失去了平衡，摇晃得厉害，最终炸机。

【经验分享】：如果室外的风速达5级以上，那就是大风，陆地上的小草和树木会摇摆。这个时候如果飞行无人机，无人机就很容易被风吹走，且在大风中飞行也十分困难。这样的恶劣天气，是不适合无人机飞行的。

当无人机不受遥控器的控制时，就会乱飞，极容易炸机。还有大雨、大雪、雷电、有雾的天气，也不能飞。大雨、大雪容易把无人机淋湿；雷电天气容易炸机；有雾的天气会阻碍视线，而且拍摄出来的片子也没那么清晰、好看。

在大风中飞行，如果风速过大，屏幕中会有强风警告信息，提示用户需要安全飞行。如果大家一定要在大风中飞行，拍摄一些特殊的画面，那么建议在DJI Fly App相机界面中点击左下角地图框右下角的 按钮，打开姿态球，如图3-5所示。大风的时候一定要密切监视无人机的姿态，姿态球倾斜达到极限时，一定要尽量返航或悬停，避免炸机。

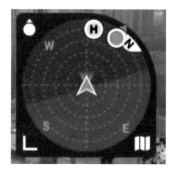

图 3-5 打开姿态球

3.1.9　铁栏杆、信号塔、高大建筑物、高压线附近

【经典案例】：前几个月，为了能够就近飞行航拍跨江大桥，我把无人机放在大桥避雷针下方的平地上起飞，可是飞行状态栏一直提示指南针异常，按照提示校准指南针之后，图传画面还是不稳定，最后只能放弃飞行，寻找新的场地起飞无人机。

【经验分享】：无人机起飞的四周有铁栏杆、信号塔或者高大的建筑物，会对无人机的信号和指南针造成干扰。有高压线的地方，也不适合飞行，如图3-6所示。

图 3-6　有高压线的环境

高压电线对无人机产生的电磁干扰非常严重，而且离电线的距离越近，信号干扰就越强，所以我们在进行航拍的时候，尽量不要到有高压线的地方。如果在异常的情况下起飞，对无人机的安全有很大的影响。

在农村地区，高压线非常密集，遥控器的图传屏幕有时会看不到这些细小的高压线，无人机就很容易撞上去。所以，这些地方都非常危险。

3.1.10　有易燃易爆物的环境

【经典案例】：在一次户外飞行中，当时有篝火，氛围非常好，一个朋友突发奇想，想用无人机拍摄穿越篝火的画面，可是无人机到达篝火上方的时候，电池突然爆炸了。

【经验分享】：无人机的电池是非常容易发热的，在春天十几摄氏度的天气里，无人机飞久了机身都会发热，何况在温度非常高的火边。在易爆物周围，稍微有一点火花，或者高温物体，都可能会引起爆炸。这一点，也适用于很多易发热的物品。

在炎热的夏天，最好不要让无人机在大太阳下飞行，避免高温引起电池爆炸。充电的时候也一样，让电池在5℃以上和40℃以下的环境中工作。

3.1.11　有风筝的环境

【经典案例】：在公园草坪里，一个飞友为了拍他孩子游戏的画面，把无人机飞在有风筝的环境中，由于当时风筝比较多，无人机的桨叶被风筝的线缠住了，电机立马就不能工作了，不过还好掉下来的时候没有砸到人。

我们不能在放风筝的区域飞行无人机，如图3-7所示。风筝是无人机的"天敌"，为什么这么说呢？因为风筝都有一条长长的白线，而无人机在天上飞的时候，我们通过图传屏幕根本看不清这根线。如果无人机在飞行中碰到了这条线，那么电机和螺旋桨就会被这根线缠住，让无人机的双桨无法平衡，不能稳定飞行，严重一点的话，电机会被直接锁死，那么后果就是直接炸机。

图 3-7　有风筝的区域

★ 专家提醒 ★

在南北极圈内，飞行器无法使用 GNSS 飞行，只能使用视觉定位模式飞行，飞行有一定的风险。最好不要在移动的物体表面上起飞无人机（如行进中的汽车和船只）。

3.2　飞行过程中的炸机

无人机在飞行过程中也需要非常注意，不管是起飞、升空、飞行，还是降落，我们都不能松懈，要防止炸机的情况出现。本节将为大家介绍如何避免飞行过程中的炸机。

3.2.1　无人机起飞

很多新手在起飞的时候就炸机了，这是因为他们不熟悉起飞的注意事项，所以，接下来我们一起学习起飞时有哪些炸机风险，进行规避。

1. 无人机的摆放方向不对

【经典案例】：有一个飞手，在河边栈道上起飞无人机。无人机刚飞起来，就直接前飞，飞进了水里。后来才知道，这个飞手是一个新手，无人机的相机镜头是朝他的方向摆的。也就是说，飞手与无人机是面对面的，但无人机的后面是一片河流。飞手起飞无人机后，按照正常的视觉，无人机的前面是飞手本人，但飞手以为无人机的前面是一片河流，所以本能地想往后面飞，然后快速推下了后退的摇杆。由于速度太快，无人机后退时一下失去了平衡，直接飞进了水里，被淹了。

【经验分享】：我们在起飞和摆放无人机时，一定要注意，无人机的相机朝向要与人所面对的方向相同，这样飞行的方向与打杆的方向才是一致的，向上推右摇杆，无人机往前飞。如果无人机的镜头与人的朝向相反，并放置在人的前方，那么向上打右摇杆的时候，无人机将会朝着人站着的方向飞，并且直接撞到人身上。

2. 起飞的位置不平整

【经典案例】：有一个飞手，将无人机放在倾斜的石头上起飞，开启电机电源，启动螺旋桨后，还没飞起来，无人机就因为失衡倾斜着倒下去了，致使螺旋桨变形、断裂。

【经验分享】：无人机起飞的位置一定要平整，不能将其放在倾斜的平面上起飞。起飞的位置更不能有沙子或小草，这样会对无人机的桨叶造成损伤，影响无人机飞行的稳定性。当我们在户外飞行时，尽量找到一块干净、平坦的地方起飞无人机。如果实在找不到，可以自带起飞垫子，将无人机放在垫子上面起飞，如图3-8所示。

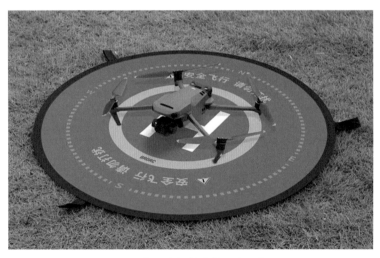

图 3-8　将无人机放在垫子上面起飞

3. 无人机起飞时总提示指南针异常

【经典案例】：我有一位朋友出去飞无人机，在起飞的时候，无人机总是提示指南针异常，需要校正。当校正过后不到1分钟，又提示指南针异常。他给我发微信，问我对于此问题应该怎么办？

【经验分享】：我当时让他拍下了无人机周围的环境，发现无人机的周围有很多铁栏杆，这会对无人机的信号和指南针造成干扰。如果在异常的情况下起飞，对无人机的安全有很大的影响。因此我建议这位朋友换了一个比较空旷、干净的地方起飞无人机，这时，指南针异常的提示就没有了。所以，四周有铁栏杆和信号塔的地方，不适合起飞。

4. 螺旋桨直接射出去了

【经典案例】：小张把无人机飞行上升不到5米的时候，无人机的螺旋桨就直接射出去了。而此时的无人机在空中失去了平衡，直接掉下来炸机了。我们在短视频平台上，也经常看到有朋友发炸机的短视频，也是无人机刚起飞不久，螺旋桨就直接射出去了。

【经验分享】：这个案例告诉我们，在起飞前一定要检查螺旋桨的桨叶是否卡紧了。有时候我们会把无人机借出去给别人用，拿回来的时候一定要检查。安装螺旋桨时，一定要按下、旋转之后再提一下，检查有没有卡紧。在飞行之前检查好这些，可以降低炸机概率。

5. 无人机起飞时提示电池电量不足

【经典案例】：李丽刚启动无人机不久，相机界面上就提示无人机的电量严重不足，如图3-9所示。李丽觉得奇怪，自己好像前两天才充满电，怎么就没电了？

图 3-9　相机界面上提示无人机电量严重不足

【经验分享】：这个案例告诉我们，在起飞前1天，一定要检查电池的电量，避免起飞时发现电量不足，又跑回家充电，在时间规划上就不合理。无人机的一块电池，只能飞行30多分钟，所以电池的电量特别珍贵。

当我们在寒冷的天气或者在高原上飞行时，电池的放电速度会更快。因为电池的输出功率比较大，此时的无人机并不能飞行30多分钟。所以，当界面中提示电量不足的时候，一定要让无人机返航。在户外飞行的时候，建议用户多备两块电池。

3.2.2　无人机升空

当无人机安全起飞后，在升空的过程中，也会遇到相关的炸机风险。比如，在上升过程中晃动得很厉害、在上升过程中直接侧翻等。当我们遇到这些情况的时候，该怎么办？

1. 无人机在上升时晃动得很厉害

【经典案例】：刘林起飞了无人机，但是无人机在上升的过程中，机身晃动得很厉害，极不稳定。最后刘林怕炸机，手动降落了无人机。

【经验分享】：无人机在起飞的过程中，电机的运转速度很快，螺旋桨的桨叶会快速转动，声音也会很大，在离地的时候也会同时吹起地面的灰尘与沙石。如果新手太过紧张的话，没有把握好推杆的力度，也会导致无人机机身不稳，出现晃动的现象。这个时候，只要飞手匀速推杆，适当修正无人机的飞行姿态，就能使无人机慢慢平衡。

2. 无人机起飞后迅速向一侧飞去

【经典案例】：之前看过一段视频，有个飞手起飞无人机后，无人机突然迅速向一侧飞去。这种情况看上去像是无人机失控了，因此导致了炸机。

【经验分享】：出现这种情况，可能有两个原因。第一是机身本身出现了问题，引起侧飞炸机；第二种情况是我们起飞前，将遥控器从背包中取出来，把摇杆装在遥控器上面的时候，摇杆的位置可能没有调整好，使摇杆发生了偏移，让无人机出现了侧飞的情况。

电子类的产品在使用一段时间后，操作上会有点误差，建议大家一个月校准一次遥控器，校准之后可以使遥控器打杆更加精准。校准方法很简单，首先关闭飞行器的电源，在遥控器中打开DJI Fly App。在"操控"设置界面中，选择"遥控器校准"选项，进入"遥控器校准"界面，如图3-10所示，即可开始校准遥控器。

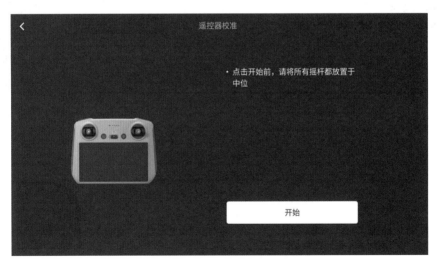

图 3-10 进入"遥控器校准"界面

3. 无人机上升时碰到树枝

【经典案例】：有一个朋友，想航拍自己所在的小区，就在小区起飞了无人机。在上升的过程中，只听了"砰"的一声响，无人机直接掉下来炸机了。后来，这个朋友环顾了一下无人机在上升过程中的环境，只有几颗光秃秃的大树，没有别的障碍物了，估计无人机是碰到了高处的树枝，才炸机了。

【经验分享】：起飞点上空有障碍物的地方，不适合飞行，而在居民楼环绕的小区里，会有很多的大树，所以飞行环境并不理想。

如果是在春、夏季，大树都是郁郁葱葱有叶子的，无人机可以进行避障；但如果在秋、冬季，树叶都落光了，只剩光秃秃的树枝，那么可能人眼看不到，无人机的避障也检测不到。所以，无人机在升空的时候，上方不能有障碍物，用户也需要提前检查好起飞环境。

3.2.3 无人机飞行

无人机在飞行的过程中，也会遇到很多炸机风险，及时了解这些炸机的因素，可以帮助大家规避炸机的风险。

1. 无人机飞远了，不知道如何飞回来

【经典案例】：陈力刚买了一台御3无人机，想出去试飞，飞了好一会儿，也拍了很多照片。此时，屏幕上提示电量不足，建议返航。这个时候，陈力蒙了，不知道如何把无人机飞回来了。最后因为紧张，打杆操作失误，直接炸机了。

【经验分享】：新手刚飞无人机的时候，尽量带一个朋友一起出行。朋友会是一个很好的"观察员"，他能帮你观察无人机在天空中的位置和周围的飞行环境是否安全。这个"观察员"还能在很大程度上消除你心里的紧张和担心。再者，新手飞无人机的时候，一定要让无人机在可视范围内飞行，这样才能保证无人机的飞行安全。

当我们将无人机飞远了，不知道如何飞回来时，该怎么办呢？一是通过观察遥控器上相机界面显示的画面和地图上无人机的朝向，进行正确打杆，让无人机飞回来；二是打开无人机的前机臂灯和补光灯，通过灯的颜色判断无人机的方向，从而将无人机飞回来。

2. 无人机飞行遇海鸥突袭

【经典案例】：有一个朋友在海边飞行无人机的时候，突然有一群海鸥飞过来了，围着无人机打转，这个朋友赶紧将无人机降落下来了，好在有惊无险。

【经验分享】：当我们在海边飞行无人机的时候，经常会遇到一些低空飞行的鸟类，这个时候千万不要慌张，这些鸟类不敢接近无人机的螺旋桨。我们需要马上冷静，慢慢地将无人机往高空飞，这样鸟类就不会再追随了。

3. 无人机的剩余电量飞不回起飞点了

【经典案例】：张洋在飞行无人机的时候，因为自己没有控制好无人机的飞行时间，导致没有足够的电量飞回起点了。这个时候他给我打电话，问我该怎么办？

【经验分享】：很多新手在刚开始飞无人机的时候，都会有一个错觉，就是明明感觉没飞多久，却没电了。这是因为自己没有规划好飞行时间和电量。

如果剩余的电量飞不回起飞点了，这个时候该怎么办？建议将无人机的相机垂直90°向下，抓紧时间寻找降落地点，优先寻找绿地等炸机损失小的地方，然后降落无人机。如果还能看到无人机的降落地点并停机，运气还算是不错的，需要抓紧时间赶过去，避免有

人捡走，这个时候也不要关闭图传画面，可以帮助你更快地找到无人机。

我们在飞行无人机的时候，若飞行的距离太远，遥控器的屏幕中会弹出提示信息；当电量不足的时候，遥控器的屏幕中会弹出"飞机电量低，请及时返航或降落"的提示，警告用户赶紧返航和降落，如图3-11所示。

如果用户无视这些提示继续飞行的话，可能有炸机风险。不过当无人机只剩10%的电量的时候，无人机会强制降落。所以，留一些电量用来返航和降落，才是最保险的。

图 3-11　弹出"飞机电量低，请及时返航或降落"的提示

4. 无人机在飞行时无故掉高

【经典案例】：张威在飞行无人机的时候，无人机无故"掉高"，怎么推杆（油门）都没有用，这个时候他感觉很危险，怎么办？

【经验分享】："掉高"是指无人机不受控制地降低高度。当我们在一些地形比较复杂的环境下飞行无人机的时候，可能会出现这种掉高的情况，比如在楼宇间、山谷间等。这个时候我们要时刻关注无人机的飞行姿态，通过推杆，调整好飞行的高度和速度，让无人机平稳地飞行。如果空中的气流不太平稳，此时应该尽量将无人机飞行至气流平稳的区域，降低炸机风险。

3.2.4　无人机降落

无人机在降落的过程中，又会有哪些炸机风险呢？比如降落的位置一定要平整和安全，下降的过程中不能有障碍物（如树枝、建筑物等）。在飞行无人机的过程中，每一个细节都要留意，否则一不小心就会有炸机的风险。

1. 降落位置的地面凹凸不平

【经典案例】：有一个朋友在山区飞行无人机的时候，由于当时风速过大，没法继续飞行，就直接在无人机的下方找了一个地方降落。当时降落的地面凹凸不平，直接导致了无人机侧翻，螺旋桨受到了不同程度的损伤。

【经验分享】：当我们在降落无人机的时候，一定要选择平整、空旷的地方降落。如果实在没办法，也要选择一片草地下降，这样也能减少无人机的损伤。

与起飞一样，也可以带垫子，让无人机降落在垫子上。如果实在不行，可以学会手持降落的方式，这样就不用找降落点了。不过需要小心，防止桨叶割伤手。

2. 无人机降落时撞到了自行车

【经典案例】：在城区上空飞行的时候，有个飞手在广场下降无人机的时候没有及时注意下方的情况，只顾着下降，由于推杆的油门过大，无人机撞到了广场中行驶的自行车，无人机受损非常严重，不过好在没有人员受伤。

【经验分享】：当我们在降落无人机的时候，不能只盯着遥控器上的屏幕，还需要观察四周，有些风险是突然的、未知的，需要我们多留一个心眼，不能有侥幸心理。

3. 在降落时错认了无人机

【经典案例】：当我们与飞友们约定一起飞行无人机的时候，会发现大家使用的都是相同品牌或者型号的无人机，这就会很容易认错。当手动降落无人机的时候，看到没有反应的无人机，然后误以为是自己的无人机失灵，因此胡乱操作，就会导致自己的无人机失控炸机。

【经验分享】：当我们的飞友与自己有着相同型号的无人机时，我们可以在无人机的轴臂上贴上贴纸以作识别。假如在降落或者飞行期间真的认不出自己的无人机了，我们首先要保持冷静，分析图传画面，再判断无人机的飞行方向和位置；或者开启智能返航功能，让无人机飞到起飞点的上空。

3.3 与信号有关的炸机

信号不稳定是导致无人机在飞行中炸机风险最高的因素。由于飞行环境中存在各种不确定因素，因此无人机的信号就会受到一定的干扰。当无人机的GPS信号丢失或遥控器信号中断了，我们该怎么办？

3.3.1 丢失GPS信号

【经典案例】：有一个飞友在飞行无人机的时候，GPS信号突然丢失了，这该怎么办呢？

【经验分享】：当遥控器画面中提示GPS信号弱时，肯定就是当时的飞行环境对信号有干扰。当无人机的GPS信号丢失后，无人机会自动进入视觉定位模式，这个时候一定要保持镇定，轻微调整摇杆，以保持无人机的稳定飞行，然后尽快将无人机飞出受干扰的区域。当无人机离开受干扰区域后，就会自动恢复GPS信号。

没有GPS信号对无人机来说是非常危险的。如果是在晚上，且无人机的避障功能也失效的情况下，那么无人机离炸机就不远了。

3.3.2 遥控器信号丢失

【经典案例】：有一个飞友在飞行无人机的时候，遥控器信号突然丢失了，这该怎么办呢？

【经验分享】：遥控器信号的中断，有可能是因为操作不对或设备故障引起的，也有可能是环境导致的。这个时候不要推动摇杆，首先调整好天线，使天线能完整地接收信号。如果遥控器与飞行器连接已中断了，无人机会自动返航，用户只需要在原地等待无人机飞回来即可。如果是大疆机器本身的原因，导致了炸机的情况，大疆会免赔的。

正确和错误调整遥控器天线的姿势如图3-12所示。当遥控器顶部正对飞行器时，遥控器与飞行器之间的信号质量是最佳的。

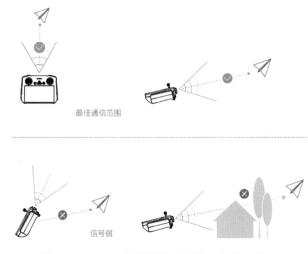

图 3-12　正确和错误调整遥控器天线的姿势

★ 专家提醒 ★

在使用遥控器的时候，不要使用其他同频段的通信设备，以免干扰遥控器的信号。在实际操作中，如果 DJI Fly App 的图传信号不好，在画面中会有相应的提示。用户只需根据提示调整遥控器的方向，就能恢复信号。

3.3.3 指南针受干扰

【经典案例】：有一个飞友在飞行无人机的时候，屏幕总是提示指南针受干扰，怎么办？

【经验分享】：出现这种情况，肯定与当时的飞行环境有直接关系。用户需要观察无人机的周围是否有铁栏杆、信号塔、高楼大厦之类的建筑，如果有的话，赶紧将无人机飞出该干扰区域，以免因为信号丢失而炸机。

有时候遥控器的指南针状态也会出现异常，需要按步骤校准指南针。下面介绍校准指南针的方法。

步骤01 在"指南针校准"界面中，点击"开始校准"按钮，如图3-13所示。

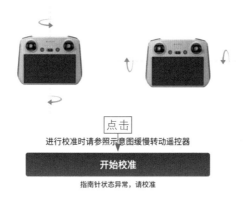

图 3-13　点击"开始校准"按钮

步骤02 根据示意图，左右转动和上下转动遥控器。校准成功之后，点击"完成"按钮，如图3-14所示。

图 3-14　点击"完成"按钮

3.3.4　无人机失控

【经典案例】：一位飞友在操控无人机的过程中，无人机突然失控了，在没有打杆的情况下，无人机急速旋转下降，最后坠毁炸机了。

【经验分享】：在出现这种现象的时候，建议用户往相反的方向打杆。如果打杆无效，就不要再操作了。因为如果真的是机器本身的原因而造成的炸机，大疆会负责的。但如果在炸机的最后你还有打杆的记录，那么炸机的原因就不太容易确定了。

3.3.5　如何找回飞丢的无人机

【经典案例】：一位飞友在飞行无人机的过程中，无人机突然没有了GPS信号，遥控器的连接也断开了，无人机也没有自己飞回来，这个时候该怎么找回飞丢的无人机？

【经验分享】：如果用户不知道无人机失联前在天空中的哪个位置，可以用手机拨打大疆官方的客服电话，通过客服的帮助寻回无人机。除了寻求客服的帮忙，我们还可以在DJI Fly App的"安全"设置界面中，选择"找飞机"选项，如图3-15所示，进入"找飞机"界面。

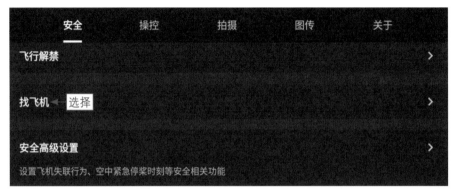

图 3-15　从"安全"页面选择"找飞机"选项

下面再介绍另外一种进入"找飞机"界面的方法。

步骤01 在DJI Fly App的主页中点击"我的"按钮，如图3-16所示，进入"我的"界面。

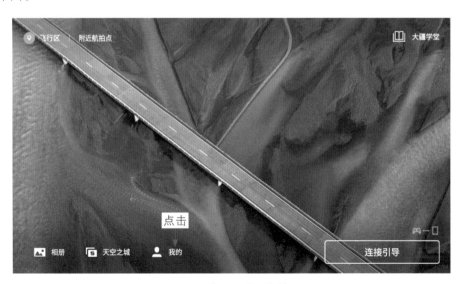

图 3-16　点击"我的"按钮

步骤02 在"我的"界面中选择"找飞机"选项，如图3-17所示。

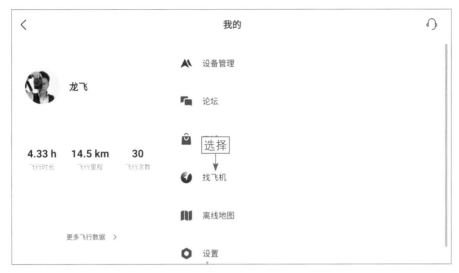

图 3-17　从"我的"页面选择"找飞机"选项

步骤 03 进入相应的地图界面，放大地图，可以查看飞行器最后降落的位置和失联坐标，如图3-18所示，等自己靠近了飞行器的位置，可以试着选择"启动闪灯鸣叫"选项。

图 3-18　查看飞行器最后降落的位置和失联坐标

第 4 章
航拍取景: 经典构图让作品更加出色

　　一张好的航拍照片，三分靠拍摄，七分靠处理。但如果没有好的底片，再厉害的后期技术也处理不出好的照片。在拍摄的过程中，构图是尤为重要的，直接影响着画面的表现力。同样的主体，不同的拍摄角度，都可以让画面产生不同的感觉。本章主要介绍航拍构图取景的要点和技巧。

4.1　摄影构图的基础与关键

一张好看的航拍照片和一段精彩的航拍视频离不开好的构图。在对焦和曝光都正确的情况下，进行构图之后，会让你的作品脱颖而出，并吸引观众的眼球，与之产生共鸣。在学习无人机摄影摄像之前，必须掌握一定的构图技巧，才能使拍摄的画面更好看。

4.1.1　什么是构图

构图就是点、线、面造型方式，无论是有意还是无意为之，每一张照片都有自己相应的构图方式。在航拍摄影摄像领域，由于拍摄高度的改变，会更容易放大构图对照片主体内容的表现力。

学会构图之后，也不一定要求每张照片、每段视频的构图都规规整整、按部就班，只不过在了解了一些基础的构图方法之后，能帮助我们理解构图对于画面情绪内容的表达，以此来提升我们的拍摄水平，获得更好的航拍体验。

比如，在航拍小岛的时候，我们把无人机飞在目标的周围，就随意拍了一张照片，如图4-1所示，画面会显得很随意，没有美感，整体也不是很吸引人。但如果我们在脑海中思索一番，把无人机飞到小岛的上空，镜头垂直90°俯拍小岛和其周围的水面，如图4-2所示，不仅拍摄到了像脚印一样的小岛，还拍摄到了两种不同颜色的水面，画面中的主体就变得非常清晰了，色彩还具有对比效果，照片顿时就有了质感。

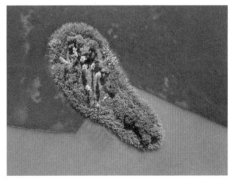

图 4-1　未构图拍摄的小岛照片　　　　图 4-2　构图后拍摄的小岛照片

构图是一个思考的过程，思考如何摆放点、线、面的位置，以及如何才能传递出更美的画面。只有多思考、多练习、多提升，我们的航拍水平才能实现质的提升。

4.1.2　构图的原则

构图的第一个原则就是需要明确画面主题，告诉观众你想表达什么？构图的好坏将直接关系到作品的成功与否，而主题明确是摄影构图的一个基本原则。主题就是中心思想，相当于文章的标题，可以说，它是画面的灵魂。

　　明确了主题之后，在具体拍摄时，就要考虑拍摄的主体了。主体是指所要表现的对象，画面主体是反映内容与主题的主要载体，也是画面构图的结构中心，是拍摄内容的第一视觉点。

　　图4-3所示为两张航拍梅溪湖文化艺术中心的照片，将建筑安排在画面的中心位置，并且用俯拍的角度展示其别样的造型，这样可以使主体更加突出、明显。

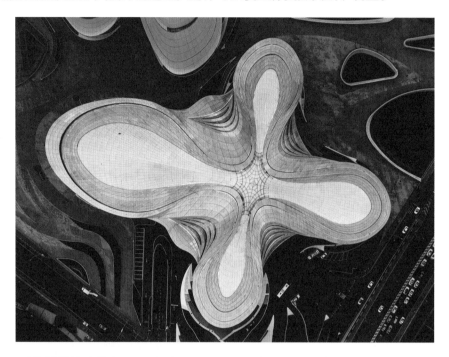

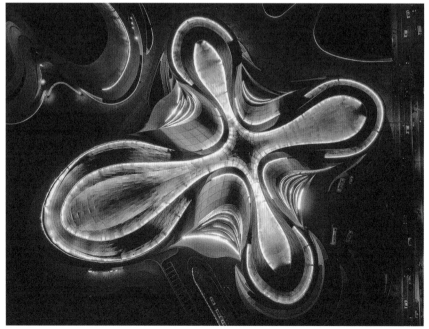

图 4-3　两张梅溪湖文化艺术中心的航拍照片

良好的构图，可以让视觉主体更突出、更强烈、更完善、更集中、更典型、更理想，从而提升画面的艺术表达效果。通过构图去最大限度地表现主体，这才是构图的目的。

4.1.3　构图的元素

构图的基本元素是什么？是点、线、面。一段好看的视频，一定是某点、某线或某面的完美组合，只要选择适合的元素进行组合，就能够拍出大片。

1.点

点，是所有画面的基础。在摄影中，它可以是画面中真实的一个点，也可以是一个面，只要是画面中很小的对象就可以称之为点。在构图时，可以用一个点集中突出主体，也可以用两个点在画面中形成对比，还可以让3个或3个以上的点构成画面。图4-4所示为利用点元素构图拍摄的照片，通过周围的大环境对比衬托出相应的一个"点"。

图 4-4　以点元素构图拍摄的照片

2. 线

线，既可以是在画面中真实表现出来的实线，也可以是用视线连接起来的虚拟的线，还可以是足够多的点以一定的方向集合在一起形成的线。

图4-5所示为用线元素构图航拍的大桥照片。桥梁的线性结构，构成了极强的视觉效果，不仅可以起到引导视线的作用，还能让画面结构显得更加稳固。

图 4-5　用线元素构图航拍的大桥照片

3.面

面，是在点或线的基础上，通过一定的连接或组合，形成的一种二维或三维的效果。图4-6所示为用面元素构图航拍的照片。画面中的小船是点，湖边栈道是线，湖是一个面，岸边也是一个面，水面与有物体存在的面各占据整个画面的一半左右，极具均衡感。

图 4-6　用面元素构图航拍的照片

4.2　选择合适的航拍角度

当用无人机航拍同一个物体的时候，选择不同的拍摄角度，得到的画面效果是截然不同的。不同的拍摄高度会带来不同的画面感受，而且选择不同的视点，可以将普通的被摄对象以更新鲜、别致的方式展示出来。本节将为大家介绍3种航拍角度。

4.2.1　平视

平视是指在用无人机拍摄时，平行取景，取景镜头与被摄物体的高度一致，这样可以展现画面的真实细节。图4-7所示为以低角度航拍湘江沿岸建筑风光的照片，平视拍摄的角度可以让画面更加亲切些，也符合人们的观察习惯。

在地景画面比较丰富且具有层次感的时候，可以用广角全景模式平视拍摄，这样能让画面容纳更多的景物，如图4-8所示。

图 4-7　以低角度航拍湘江沿岸建筑风光的照片

图 4-8　用广角全景模式平视拍摄

　　平视斜面构图可以规避一些对称感不够的缺陷，使用平视斜面构图只拍摄建筑的一角，还可以展现出很强烈的立体空间感。

4.2.2　俯视

　　俯视，简而言之，就是要选择一个比主体更高的拍摄位置，主体所在平面与摄影者所在平面形成一个相对大的夹角。选择俯角度构图法，拍摄地点的高度较高，拍出来的照片视角大，可以很好地体现画面的透视感，画面具有纵深感和层次感，如图4-9所示。

图 4-9　俯视角度航拍的照片

　　俯拍有利于记录宽广的场面，表现宏伟气势，展现出明显的纵深效果和丰富的景物层次。俯拍角度的变化，带来的画面感受也是有很大的区别。图4-10所示为将镜头垂直90°朝下航拍的秀峰立交桥，画面极具线条感。

图 4-10　将镜头垂直 90°朝下航拍的秀峰立交桥

4.2.3 仰视

在日常航拍摄影中，只要是抬高无人机相机镜头拍摄，我们都可以理解成仰拍。仰拍的角度不一样，拍摄出来的效果自然不同，只要耐心观察和多拍，就能拍出不一样的照片效果。仰拍会让画面中的主体给人高耸、庄严、伟大的感觉，同时展现出视觉透视感。

图4-11所示为用仰拍角度航拍的高楼画面，以树枝为前景进行衬托，体现出了城市夜景的宏伟，令人向往。

图 4-11　用仰拍角度航拍的高楼画面

4.3　新手常用的 4 种构图取景法

无人机航拍的构图和传统的摄影艺术是一样的，照片所需要的要素都相同，包括主体、陪体和环境等。本节主要介绍新手常用的4种构图取景法，帮助大家拍出优美的风光大片。

4.3.1 水平线构图

利用水平线构图拍摄的画面给人的感觉就是辽阔、平静。水平线构图法以一条水平线来进行构图，这种构图需要前期多看、多琢磨，寻找一个好的拍摄地点进行拍摄。对于比较有经验的摄影师，可以很轻松地航拍出理想的风光照片或视频。这种构图法也比较适合用来拍摄风光大片。

图4-12所示为在岳麓山上空航拍的照片，主要展示了壮阔的城市风光。这张照片采用了水平线构图法，以地平线为水平线，天空与地景各占画面二分之一，以岳麓山为前景，画面丰富且具有生机，中景有城市建筑和湘江，背景天空的云朵也富有动感，整幅画面层次感十足，让人感受到了一种自然与工业相结合的美。

图 4-12　在岳麓山上空航拍的水平线构图照片

水平线构图可以很好地表现出物体的对称性。一般情况下，摄影师在拍摄海景的时候，最常采用的构图手法就是水平线构图法。

4.3.2　前景构图

前景，就是位于拍摄主体与镜头之间的事物。前景构图是指利用恰当的前景元素来构图取景，可以使画面具有强烈的纵深感和层次感，同时也能极大地丰富画面内容，使画面更加鲜活和饱满。

我们在拍摄时，要善于发现前景。如果没有自然的前景，也可以创造出一些前景，比如扩大焦段设计前景或者后期合成前景。前景构图主要有两种拍摄思路，分别如下。

第一种是直接将前景作为拍摄的主体。图4-13所示为航拍的前景构图照片，在拍摄的时候，城市建筑不是画面中面积占比最多的内容，而是进行了取舍，画面中占比最大的还是山峰这个前景，用前景来以大衬小，增强画面的和谐性。

第二种是将前景作为陪体，将主体放在中景或背景位置上，用前景来引导视线，使观众的视线聚焦到主体上。图4-14所示为一张夜景照片，江边的大树为前景，福元路大桥为中景，城市建筑为背景。由于明暗对比的关系，观众的视线会放在中景和背景上面，所以前景只是起着引导视线和陪衬的作用。

图 4-13　航拍的前景构图照片

图 4-14　用前景构图法拍摄的照片

总而言之，前景可以成为主体，也可以作为陪体存在。

4.3.3　斜线构图

斜线构图是在静止的横线上出现的，画面给人一种静谧的感觉，斜线的延伸感还可以加强画面的深远透视效果。同时，斜线构图的不稳定性使画面富有新意，可以打造出独特的视觉效果。

利用斜线构图可以使画面产生三维的空间效果，增强画面立体感，使画面充满动感与活力，且富有韵律感和节奏感。斜线构图是非常基本的构图方式，在拍摄轨道、山脉、植物、沿海等风光时，就可以采用斜线构图的航拍手法。

图4-15所示为用斜线构图航拍的公园栈道照片，以斜线构图的方式拍摄栈道，让画面摆脱平庸，并且具有很强的视线导向性。在航拍摄影中，斜线构图是一种使用频率颇高，而且也颇为实用的构图方法，希望大家可以熟练掌握。

图 4-15　用斜线构图航拍的公园栈道照片

还有一种是交叉斜线，我们在航拍立交桥的时候经常会用到这种构图方式。图4-16所示为立交桥夜景车流效果的航拍照片，交叉双斜线构图，使画面更具有延伸感，同时一条条的车流光轨交会在一起，真是美极了。

图 4-16　拍摄立交桥夜景车流效果的航拍照片

4.3.4 居中构图

我们在航拍的时候，如果拍摄的主体面积较大，或者极具视觉冲击力，我们可以把拍摄主体放在画面最中心的位置，采用居中法构图进行拍摄。

图4-17所示为采用居中构图方式航拍的祁阳文昌塔照片，将拍摄主体置于画面最中间的位置，可以聚焦观众的视线，重点传达所要表现的主题。

图 4-17　采用居中构图方式航拍的祁阳文昌塔照片

4.4　高手常用的 4 种构图取景法

在学习了4种新手常用的构图取景法之后，接下来我们需要进阶学习高手常用的4种构图取景法，帮助大家掌握更多的构图技能。

4.4.1　三分线构图

三分线构图，顾名思义就是将画面从横向或纵向分为三个部分，这是一种非常经典的构图方法，是大师级摄影师偏爱的一种构图方式。将画面一分为三，比较符合人的视觉习惯，而且画面不会显得很单调。常用的三分线构图法有两种，一种是横向三分线构图，另一种是纵向三分线构图。

图4-18所示为一张风光照片，可以看到这是一张采用横向三分线构图法拍摄的照片。如果将三分线再细分一下，可以看出这是用下三分线构图法拍摄的，天空占据了画面的三分之二左右，而地景占据了画面的三分之一左右。这样不仅可以使画面中的主体建筑更加

突出，而且还能体现城市的辽阔感。

图 4-18　用横向三分线构图法拍摄的照片

　　纵向三分线构图的航拍手法是指将主体或辅体放在画面左侧或右侧三分之一的位置。在拍摄纵向三分线构图的照片时，要注意留白的区域，如果主体的引导线在左边，那么就把主体放在右三分线上；反之，亦然。

　　图4-19所示的这张航拍照片把画面中的最高建筑放在了右三分线上，左侧区域进行了留白，整体画面让人觉得非常舒适。

图 4-19　用纵向三分线构图方法拍摄的照片

4.4.2 曲线构图

曲线构图是指摄影师抓住拍摄对象的特殊形态特点，在拍摄时采用特殊的拍摄角度和手法，将物体以类似曲线般的造型呈现在画面中。曲线构图的表现手法常用于拍摄风光、道路以及江河湖泊的题材。在航拍构图手法中，C形曲线和S形曲线是运用得比较多的。

C形构图是一种曲线构图手法，拍摄对象类似于C形，可以体现出被摄对象的柔美感、流畅感、流动感，常用来航拍弯曲的建筑、马路、岛屿及沿海风光等大片，如图4-20所示。

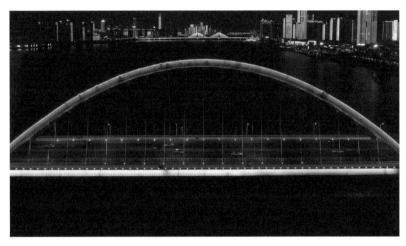

图 4-20　C 形构图照片

S形构图是C形构图的强化版，主要用来表现富有S形曲线美的景物，如自然界中的河流、小溪、山路、小径、深夜马路上蜿蜒的路灯或车队等，会有一种悠远感或蔓延感。图4-21所示为航拍的道路夜景照片，道路形态呈S形曲线，十分夺人眼球。

图 4-21　S 形构图照片

4.4.3 透视构图

近大远小是基本的透视规律，航拍摄影也是如此，并且透视构图法有着增强画面立体感的作用，可以给人带来身临其境的现场感。在航拍镜头中，由于透视的关系，所有的平行线会变成斜线，这样就会加强纵深感，让画面有视觉张力。

图4-22所示为两张用透视构图方法拍摄的跨江大桥照片，画面中的建筑呈现出近大远小的效果，大桥斜向延伸，将观众的视线引向了远方，画面极具张力。

图 4-22　用透视构图方法拍摄的跨江大桥照片

4.4.4 对比构图

对比构图的含义很简单，就是通过不同形式的对比来强化画面的构图，产生不一样的视觉效果。对比构图的意义有两点：一是通过对比产生区别，来强化主体；二是通过对比来衬托主体，起辅助作用。

想在拍摄中获得对比构图的效果，用户就要找到与拍摄主体差异明显的对象来进行构图，这里的差异包含很多方面，例如在大小、远近、方向、动静和明暗等。

图4-23所示为用明暗对比构图法航拍的夕阳照片，通过黑色的地景来烘托美丽的夕阳，让画面具有立体感、层次感和轻重感。

图 4-23　用明暗对比构图法航拍的夕阳照片

图4-24就是用颜色对比构图法航拍的照片，黄色的屋顶与绿色的湖水相互映衬，还有粉色的小船进行点缀，画面富有生机与活力。

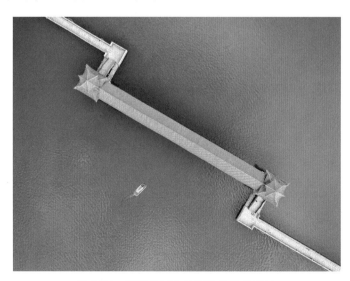

图 4-24　用颜色对比构图法航拍的照片

第 5 章
简单练习：新手必练的飞行动作

本章我们将学习如何起飞和降落无人机，之后我们也需要学会一些飞行动作来控制无人机的飞行。本章还包含一些考证必学的飞行动作，有向上、向下、环绕以及 8 字飞行等。希望通过本章的学习，各位飞手可以学会和掌握飞行动作要领，成为一名合格的无人机飞行员。

5.1　起飞与降落

　　本节将为大家介绍如何起飞与降落无人机，这是学习飞行动作之前最基础的操作，希望大家可以熟练掌握这些内容。

5.1.1　自动起飞与降落

扫码看教学视频

　　使用自动起飞和降落功能可以帮助用户一键起飞和降落无人机，既方便又快捷。下面介绍相应的操作方法。

　　步骤01 将无人机放在水平的地面上，依次开启遥控器与无人机的电源。当左上角的状态栏显示"可以起飞"的信息后，❶点击左侧的自动起飞按钮 ，弹出相应的面板；❷长按"起飞"按钮，如图5-1所示，让无人机上升到1.2米的高度。

图 5-1　长按"起飞"按钮

　　步骤02 向上推动左摇杆，当无人机上升到14米的高度时，❶点击自动降落按钮 ，弹出相应的面板；❷长按"降落"按钮，如图5-2所示，降落无人机。

图 5-2　长按"降落"按钮

5.1.2　手动起飞与智能返航

　　手动启动电源之后，可以手动起飞无人机。当无人机飞远以后，我们可以使用智能返航功能，让无人机飞回起飞点并自动降落，不过需要提前刷新返航点。下面介绍相应的操作方法。

　　步骤01 将两个摇杆同时往内掰，或者同时往外掰，即可启动电机，启动电机后，将左摇杆缓慢地向上推动，无人机即可上升飞行，并刷新返航点，如图5-3所示。

图 5-3　无人机刷新返航点

　　步骤02 当无人机飞远以后，需要返航降落的时候，❶点击智能返航按钮🔘，弹出相应的面板；❷长按"返航"按钮，如图5-4所示，无人机即可飞回到返航点，并慢慢降落。

图 5-4　长按"返航"按钮

5.2　入门飞行动作

　　在空中进行航拍工作之前，首先我们要学会一些入门飞行动作，这样才能自由地掌控无人机的飞行。本节主要介绍一些入门飞行动作，让大家练习。

5.2.1 向上与向下飞行

向上飞行是无人机航拍最基础、初级的飞行动作，飞行无人机的第一件事就是让其向上飞行。

将左摇杆慢慢地往上推，即可实现向上飞行，如图5-5所示，用上升镜头慢慢地展示高大的建筑。

将左摇杆慢慢地往下推，即可实现向下飞行，如图5-6所示，用下降镜头慢慢地展示地面上更多的前景，让观众有惊喜感。

图 5-5　向上飞行

图 5-6　向下飞行

5.2.2　前进与后退飞行

扫码看教学视频

前进飞行是指无人机一直向前飞行，这是航拍最常用的动作。

向上推动右侧的摇杆，即可实现前进飞行。

第一种航拍手法是无目标地往前飞行，主要用来交代影片的环境；第二种是对准目标向前飞行，此时目标由小变大，如图5-7所示，无人机向前飞行，画面中的建筑越来越大、越来越清晰。

后退飞行俗称倒飞，是指无人机向后运动。后退飞行实际上是一种非常危险的飞行动作，因为有些无人机是没有后视避障功能的，或者在夜晚飞行的时候，后视避障功能是失效的，这个时候进行后退飞行就十分危险。

向下推动右侧的摇杆，即可实现后退飞行。

后退飞行最大的优势是：无人机在后退的过程中不断有新的内容出现，从无到有，所以会给观众一种期待感，增加了镜头的趣味性，如图5-8所示。

图 5-7　前进飞行

图 5-8　后退飞行

5.2.3　向左与向右飞行

扫码看教学视频

　　向左飞行是一种左移镜头，是指无人机从右侧飞向左侧，从右向左展示画面。向左推动右侧的摇杆，即可实现向左飞行。

　　图5-9所示是以树为前景，无人机从右向左飞行的镜头，展现了美丽的湘江风景。

　　向右飞行是一种右移镜头，与向左飞行的方向刚好相反。向右推动右侧的摇杆，即可实现向右飞行。

　　在展示主体侧面的时候，就可以采用侧飞的手法进行拍摄。无人机在向右飞行的时候，画面具有流动感，如图5-10所示。

图 5-9　向左飞行

图 5-10　向右飞行

5.2.4 俯视悬停与摇镜头

扫码看教学视频

俯视悬停镜头是俯视航拍最简单的一种拍法，是指将无人机停在固定的位置上，向左拨动云台俯仰拨轮，将云台相机垂直90°朝下拍摄。

一般用来拍摄移动的目标，如马路上的车流、水里的游船及游泳的人等，让下方的拍摄目标入画之后又出画，如图5-11所示。

摇镜头是指无人机的位置固定之后，在跟随拍摄移动的物体时，左手向左或向右推动左摇杆，让无人机云台相机摇动起来跟随主体，使主体处于画面中间的位置。

图5-12所示为使用左摇镜头拍摄湘江风光的画面。

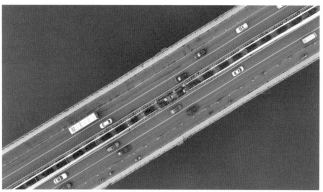

图 5-11 俯视悬停

图 5-12 摇镜头

5.3 进阶飞行动作

在上一节中，我们进行了简单飞行动作的训练，当我们掌握了这些基本的飞行技巧后，接下来需要提升自己的航拍技术，学习一些进阶飞行动作。

5.3.1 旋转飞行

扫码看教学视频

旋转飞行又称为原地转圈飞行，是指当无人机飞到高空后，向左或者向右推动左侧的摇杆，让无人机进行360°原地旋转。

图5-13所示为一段360°旋转飞行镜头，无人机在湘江上空进行旋转飞行拍摄，将周围的环境展示得淋漓尽致。

图 5-13 旋转飞行

5.3.2 环绕飞行

扫码看教学视频

环绕飞行也叫"刷锅"，是指围绕某一个物体进行环绕飞行。环绕有向左环绕和向右环绕。在环绕飞行之前，最好先找到环绕中心，如高耸的建筑。如图5-14所示为以塔为环绕中心，进行逆时针环绕拍摄的画面。

将右摇杆缓慢向右推动，无人机向右平飞。同时左手向左推动左摇杆，让无人机右飞的同时向左逆时针旋转。

★ 专家提醒 ★

右手打杆控制无人机向右飞，右手杆量越大，无人机飞行速度越快，环绕的速度就越快；左手打杆控制无人机转向，左手杆量越大，无人机弯转得越急，环绕的半径就越小。

图 5-14　环绕飞行

5.3.3　8字飞行

扫码看教学视频

8字飞行是比较有难度的一种飞行动作，当用户对前面几组飞行动作都已经很熟练以后，接下来就可以开始练习8字飞行了，8字飞行也是无人机飞行考证的必考内容。

8字飞行会用到左右摇杆的很多功能，需要左手和右手完美配合。在DJI Fly App的相机界面中，点击左下角的地图，可以查看飞行轨迹。8字飞行的轨迹如图5-15所示。

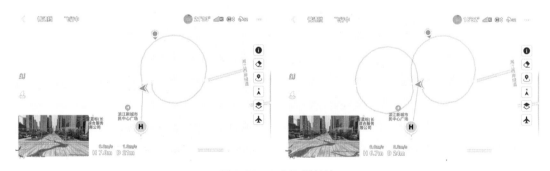

图 5-15　8 字飞行轨迹

下面介绍飞行方法。

① 根据环绕飞行的动作，将右摇杆向右推动，同时用左手向左推动左摇杆，让无人机逆时针飞一圈。

② 逆时针飞行完成后，立刻原地旋转180°，转换机头方向。

③ 通过向右控制左摇杆，向左控制右摇杆，以顺时针的方向，再飞一个圈，这样就

能飞出8字的轨迹来。如果操作不够熟悉，轨迹不够清晰，可以多飞行几遍。

5.3.4 俯仰镜头

扫码看教学视频

俯仰镜头是指镜头向上或向下运动。俯仰镜头很少单独使用，一般会结合其他镜头组合拍摄。一般情况下，运用得最多的就是镜头向上运动，无人机镜头先低角度俯视，然后慢慢再抬起来，展示所要表现的环境。

镜头先俯视拍摄，左手食指再向右慢慢地拨动云台俯仰拨轮，即可实现相机镜头抬头的效果，展示通往火车站的道路夜景风光，如图5-16所示。

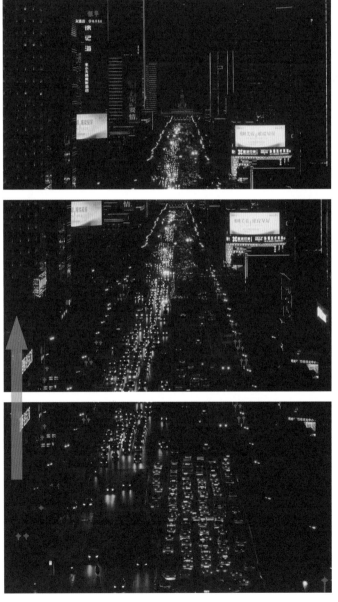

图 5-16 俯仰镜头

第 6 章
空中摄影：掌控全景与夜景航拍

无人机在高空中能拍摄到的风景是极为广阔的，所以全景拍照模式也是飞手们必学的航拍技能。在夜晚航拍的时候，也需要掌握一定的技巧，这样才能拍出精彩的夜景大片。本章将为大家介绍无人机的全景和夜景航拍技巧，帮助大家掌握更多的航拍技能，从而创作出更惊艳的航拍作品。

6.1 使用无人机拍摄全景照片

所谓"全景摄影"，就是将所拍摄的多张图片拼接成一张全景图片。随着无人机技术的不断发展，我们可以通过无人机轻松拍摄出全景照片，在计算机中进行后期拼接也十分方便，只要把握拍摄要点，就能拍摄和制作出全景作品。本节主要介绍拍摄全景照片的方法。

6.1.1 拍摄球形全景照片

球形全景是指无人机自动拍摄26张照片，然后进行自动拼接形成的效果。拍摄完成后，用户在查看照片效果时，可以点击球形照片的任意位置，相机将自动缩放到该区域的局部细节，也就是可以查看一张动态的全景照片。图6-1所示为使用无人机拍摄的球形全景照片效果。

扫码看教学视频

图 6-1　球形全景照片效果

下面介绍球形全景照片的具体拍法。

步骤01 在DJI Fly App的相机界面中，点击左侧的拍摄模式按钮，如图6-2所示。

步骤02 在弹出的面板中，❶选择"全景"选项；❷默认选择"球形"全景模式；❸点击拍摄按钮，如图6-3所示。

步骤 03 无人机会自动拍摄照片，右侧显示拍摄进度，如图6-4所示，照片拍摄完成后，点击回放按钮▶。

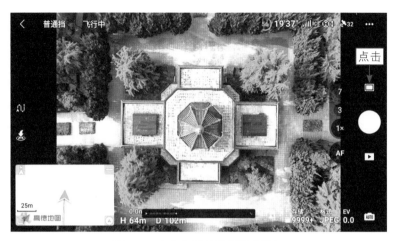

图 6-2　点击左侧的拍摄模式按钮

图 6-3　点击拍摄按钮

图 6-4　显示拍摄进度

步骤 04 在相册中查看拍摄好的全景照片，点击"查看360°图片"按钮，如图6-5所示。

图 6-5 点击"查看 360°图片"按钮

步骤 05 即可查看动态的球形全景照片，如图6-6所示。

图 6-6 查看动态的球形全景照片

步骤 06 点击图片中的任意位置，即可放大和滑动照片查看细节，如图6-7所示。用户可以选择"展开""小星形""隧道""水晶球"选项，还能点击"截取图片"按钮进行截屏。

图 6-7 放大和滑动照片查看细节

6.1.2 拍摄180°全景照片

180°全景是指21张照片的拼接效果，以地平线为中心线，天空和地景各占照片的二分之一。图6-8所示为使用无人机拍摄的180°全景照片效果。

图 6-8　180°全景照片效果

下面介绍180°全景照片的具体拍法。

进入拍照模式界面，❶选择"全景"选项；❷选择180°全景模式；❸点击拍摄按钮 ◯，如图6-9所示，无人机即可拍摄并合成180°全景照片。

图 6-9　点击拍摄按钮

6.1.3 拍摄广角全景照片

无人机中的广角全景是指9张照片的拼接效果，拼接出来的照片宽高比为4∶3，画面同样是以地平线为上下分割线进行拍摄的。图6-10所示为在湘江岸边上空使用广角全景模式航拍的夕阳效果。

图 6-10　广角全景照片效果

下面介绍广角全景照片的具体拍法。

进入拍照模式界面，❶选择"全景"选项；❷选择"广角"全景模式；❸点击拍摄按钮⬤，如图6-11所示，无人机即可拍摄并合成全景照片。

图 6-11　点击拍摄按钮

★ 专家提醒 ★

在拍摄全景照片的时候，先选定主体对象，然后对画面进行构图，再拍摄。

6.1.4　拍摄竖拍全景照片

扫码看教学视频

竖拍全景是指3张照片的拼接效果，什么时候才适合用竖拍全景构图呢？一是拍摄的对象具有竖向的狭长性或线条性，二是展现天空的纵深及里面有合适的点睛对象。

图6-12所示为使用竖拍全景模式航拍的烈士公园的纪念塔照片，把狭长的阶梯进行全景拍摄，展示其纵深感。

图 6-12　竖拍全景照片效果

下面介绍竖拍全景照片的具体拍法。

进入拍照模式界面，❶选择"全景"选项；❷选择"竖拍"全景模式；❸点击拍摄按钮◯，如图6-13所示，无人机即可拍摄并合成全景照片。

图 6-13　点击拍摄按钮

6.2　夜景航拍需要注意的事项

当我们在城市上空航拍夜景照片或视频时，一定要利用好周围的灯光效果，保持无人机平稳、慢速地飞行，这样才能拍摄出清晰的夜景照片。本节介绍航拍夜景之前需要注意的相关事项，帮助大家拍出唯美的夜景效果。

6.2.1　提前踩点，注意避障

在夜间用无人机航拍的时候，光线的影响是比较大的。当无人机飞到空中的时候，你只看得到无人机的指示灯一闪一闪的，其他的什么也看不见。而且，夜间由于环境光线不足，无人机的视觉系统及避障会受影响，在DJI Fly App相机界面中会弹出"环境光线过暗，视觉系统及避障失效，请注意飞行安全"的提示，如图6-14所示。

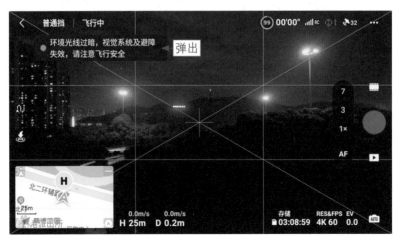

图 6-14　弹出相应的提示

因此，一定要在白天提前踩点，对拍摄地点进行检查，观察上空是否有电线或者其他障碍物，以免造成无人机坠毁，因为晚上的高空环境肉眼是看不见的。如果环境光线过暗，此时可以适当调整云台相机的ISO（感光度）和光圈值，来提高图传画面的亮度。

★ 专家提醒 ★

在夜间飞行无人机的时候，无人机的视觉系统及避障功能会受到影响，不能正常工作。如果能通过调整 ISO 参数来提高画面的亮度，这样也能更清楚地看清周围的环境，但用户在拍摄照片前，一定要将 ISO 参数再调整回来，调整为正常曝光状态，以免拍摄的照片出现过曝的情况。

6.2.2 拍摄时关闭前机臂灯

在默认情况下，无人机的前机臂灯显示为红灯。在夜间拍摄时，前机臂灯对画质有干扰和影响，所以我们在夜间拍摄照片或视频的时候，一定要把前机臂灯关闭。可以在DJI Fly App系统设置的"安全"界面中，设置"前机臂灯"为"自动"模式，如图6-15所示，这样无人机在相机拍摄的过程中就会熄灭前机臂灯，保证拍摄的效果。

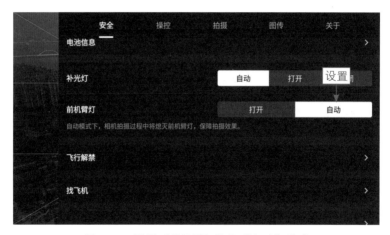

图 6-15 设置"前机臂灯"为"自动"模式

6.2.3 设置白平衡参数

白平衡，通过字面理解就是白色的平衡，白平衡是描述显示器中红、绿、蓝三基色混合生成后白色精确度的一项指标，通过设置白平衡可以解决画面色彩和色调处理的一系列问题。

在无人机的设置界面中，用户可以通过设置画面的白平衡参数，使画面达到不同的色调效果。下面主要向读者介绍设置视频白平衡的操作方法。

步骤01 进入DJI Fly App相机界面，点击系统设置按钮▮▮▮，❶点击"拍摄"按钮，进入"拍摄"设置界面；❷把"白平衡"设置为"手动"模式；❸拖曳滑块，把参数设置为最小值2000K，如图6-16所示。

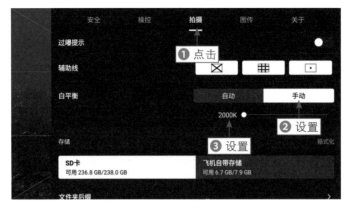

图 6-16　把参数设置为最小值 2000K

步骤 02 点击图传画面，可以看到画面色调变成了深蓝色，如图6-17所示。

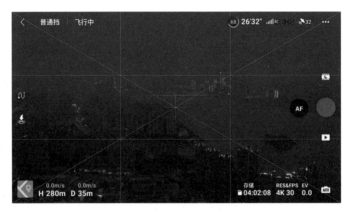

图 6-17　画面色调变成了深蓝色

★ 专家提醒 ★

把"白平衡"参数设置为最大值 10000K，画面色调则会变成橙红色。

步骤 03 在"拍摄"设置界面中把"白平衡"设置为"自动"模式，如图6-18所示，无人机会根据当时环境的画面亮度和颜色自动设置白平衡。

图 6-18　把"白平衡"设置为"自动"模式

6.2.4　设置ISO、光圈和快门参数

在航拍夜景的时候，大家可以通过调整ISO（感光度）参数将画面曝光和噪点控制在合适的范围内。但要注意，夜间拍摄，ISO参数越高，画面噪点就越多，ISO参数过低的话，画面也会偏暗。

在参数不变的情况下，提高ISO参数能够增加画面曝光。ISO、光圈和快门是拍摄夜景的三大参数，到底将ISO参数设置为多少才适合拍摄夜景呢？我们要结合光圈参数和快门速度来设置。

一般情况下，ISO参数建议设置在100~400范围内，ISO参数最高不要超过400，否则会影响画质，如图6-19所示。

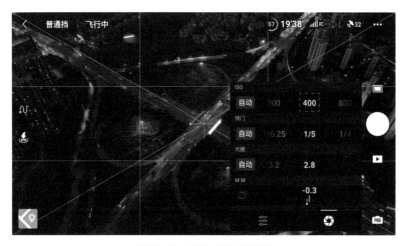

图 6-19　ISO 参数的设置

"光圈"参数可以选择2.8，这样可以增加无人机相机的进光量，让画面亮一点。不过，具体的光圈参数还是需要根据画面来设置。

"快门"速度是指控制拍照时的曝光时长，在夜间航拍时，如果光线不太好，我们可以加大光圈、降低快门速度，这个可以根据实际的拍摄效果来调整。

★ 专家提醒 ★

M.M 参数是不能调整的，如果是负数，表示画面欠曝；如果是正数，画面就过曝；0 是曝光平衡的状态。我们可以通过调整 ISO、光圈和快门速度来调整 M.M 参数。

6.3　夜景航拍手法

本节主要介绍如何在夜间利用无人机航拍照片和视频，包括手动设置参数拍摄车轨光轨照片和用"夜景"模式拍摄视频的方法。图6-20所示就是手动设置参数拍摄出来的车流光轨照片，大家可以看到，汽车的灯光变成了一条一条的光线。

图 6-20　手动设置参数拍摄的光轨照片

6.3.1　拍摄车流光轨照片

在繁华的大街上，如果想拍出汽车的光影运动轨迹，主要是通过延长曝光时间，使汽车的轨迹形成光影线条的美感。下面介绍拍出立交桥上车流光轨照片的方法。

扫码看教学视频

步骤01 进入DJI Fly App相机界面，点击右下角的AUTO（自动）按钮 🔲，❶切换至PRO（专业）模式 🔲；❷点击PRO按钮右侧的拍摄参数，如图6-21所示。

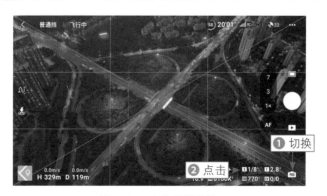

图 6-21　点击拍摄参数

步骤02 弹出相应的面板，❶点击调整参数按钮 🔧，切换至相应的选项卡；❷设置"白平衡"为"自动"、"照片格式"为RAW、"照片比例"为16∶9、"照片分辨率"为20MP、"存储"为SD卡，如图6-22所示。

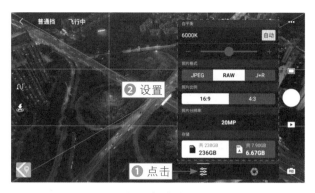

图 6-22 设置相应的参数（1）

[步骤 03] 调整无人机的位置、高度和俯仰角度，进行构图，❶点击拍摄参数按钮，切换至相应的选项卡；❷取消 3 个参数右侧的"自动"模式；❸设置 ISO 参数为 100、"快门"速度为 3.2 秒、"光圈"参数为 2.8；❹点击拍摄按钮，拍摄照片，如图 6-23 所示，拍摄时间会比较长。

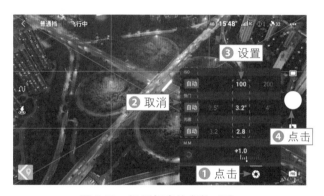

图 6-23 设置相应的参数（2）

[步骤 04] 执行操作后，即可拍摄车流光轨照片，后期再调色，效果如图 6-24 所示。

图 6-24 车流光轨照片

★ 专家提醒 ★

我们还可以用 3 倍焦段，用同样的拍摄参数拍摄车流光轨照片，效果如图 6-25 所示。

图 6-25　用 3 倍焦段拍摄的车流光轨照片

6.3.2　使用"夜景"模式拍摄视频

扫码看教学视频

大疆 Mavic 3 Pro 无人机在录像状态下有"夜景"模式，无人机全程自动降噪，实现纯净夜拍，比"普通"录像模式的效果要好。下面介绍使用"夜景"模式拍摄视频的操作方法。

步骤 01 在 DJI Fly App 的相机界面中，点击左侧的拍摄模式按钮□，在弹出的面板中，❶选择"录像"选项；❷选择"夜景"模式；❸界面中会弹出"当前模式无避障"提示；❹点击拍摄按钮●，如图 6-26 所示。

图 6-26　点击拍摄按钮

步骤 02 左手向上推动左摇杆，右手向下推动右摇杆，图传画面如图6-27所示。

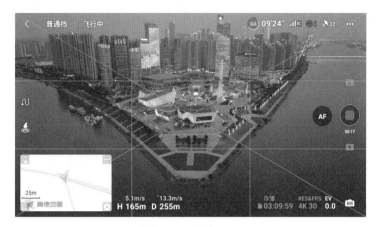

图 6-27　图传画面

步骤 03 让无人机后退拉升，拍摄夜景视频，效果如图6-28所示。

图 6-28　夜景视频效果

第 7 章
大片拍摄：高级飞手运镜技巧

在上一章中，我们进行了一些入门和进阶飞行动作的训练，当我们掌握了这些飞行技巧后，就可以把之前学习过的飞行动作组合起来，进行高级运镜拍摄。本章将为大家介绍如何用无人机进行运镜拍摄，帮助大家拍出极具吸引力的画面，希望大家在学完本章后，自己也能创作出更多的运镜拍法。

7.1　拉升与下降拍法

本节主要为大家介绍拉升与下降的一些运镜组合拍法，不同的运镜有不同的视角，画面效果也是不一样的，希望大家都能学会这些运镜拍法。

7.1.1　拉升向前镜头

扫码看教学视频

拉升镜头是视野从低空升至高空的一个过程，直接展示了航拍的高度魅力。当我们拍摄建筑的时候，可以在前进飞行的过程中，再组合上升镜头，全面地展示建筑全貌，如图7-1所示，这样的拉升镜头极具魅力。

图 7-1　拉升向前镜头

我们在航拍这段拉升向前镜头的时候，具体操作如下。

① 右手向上推动右摇杆，让无人机前进飞行。

② 同时左手向上推动左摇杆，让无人机慢慢上升飞行。

7.1.2　前进下降俯仰镜头

扫码看教学视频

在下降无人机的过程中，可以配合镜头的俯仰变化拍出一些特别的效果。

比如，在航拍跨江大桥的时候，可以把前进镜头、下降镜头和俯仰镜头组合在一起，让无人机在前进的过程中慢慢下降，并调节云台的俯仰角度，把焦点对准在道路上，如图7-2所示。

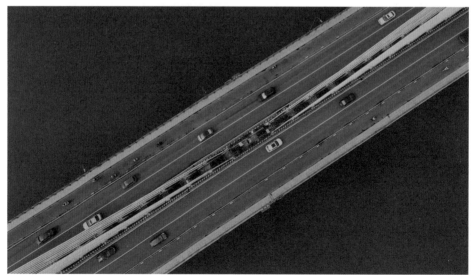

图 7-2　前进下降俯仰镜头

我们在航拍这段前进下降俯仰镜头的时候，具体操作如下。

① 右手向上推动右摇杆，让无人机前进飞行。

② 同时左手向下推动左摇杆，让无人机慢慢下降飞行。

③ 左手食指向左拨动云台俯仰拨轮，让镜头慢慢俯视拍摄。

7.2 前进与后退拍法

本节主要为大家介绍前进与后退的一些运镜组合拍法，无人机可以前进环绕，也可以后退拉高，希望大家都能学会这些运镜拍法。

7.2.1 前进环绕镜头

扫码看教学视频

前进环绕运镜是指无人机在前进之后微微环绕，让画面从一个角度转换到另一个角度。图7-3所示为一段前进环绕镜头，这是在银盆岭大桥周围拍摄的。无人机先沿着大桥道路前进，在靠近桥梁上高大建筑的时候，微微环绕到其侧面位置，进行透视构图拍摄，让画面具有空间感和延伸感。

图 7-3 前进环绕镜头

我们在航拍这段前进环绕镜头的时候，具体操作如下。

① 右手向上推动右摇杆，让无人机前进飞行。

② 前行一段距离后，右手向右推动右摇杆，同时左手向左推杆，让无人机微微环绕。

7.2.2 后退拉升镜头

扫码看教学视频

我们在航拍的时候，如果航拍的环境内容比较多，那么后退拉升运镜就是最佳的表现拍法。先降低无人机，并靠近主体，之后慢慢后退并拉升，逐渐展示大环境，如图7-4所示。用后退拉升镜头拍摄金融广场的高楼大厦，画面中的环境内容越来越多，让观众既觉得惊喜，又充满期待感。

图 7-4　后退拉升镜头

我们在航拍这段后退环绕镜头的时候，具体操作如下。

① 左手向上推动左摇杆，让无人机拉升飞行。

② 同时右手向下推动右摇杆，让无人机后退飞行。

7.3　俯视运镜拍法

　　垂直俯视是真正的航拍视角，因为它完全垂直90°朝下，在拍摄目标的正上方，很多人都把这种航拍角度称为"上帝视角"。本节将为大家介绍俯视运镜的多种拍法。

7.3.1　俯视向前抬镜头

　　俯视向前抬镜头是指无人机在俯视拍摄的过程中前进，最后通过调整云台俯仰拨轮，把镜头抬起来拍摄前方，如图7-5所示。

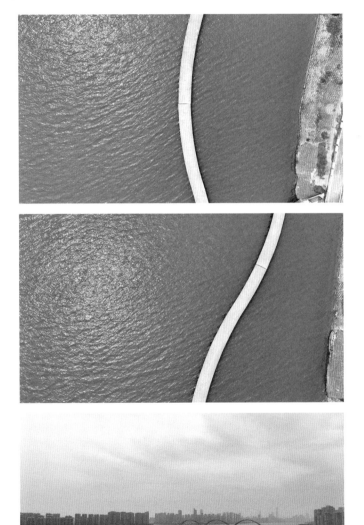

图 7-5　俯视向前抬镜头

这样的俯视前进镜头会比单纯的前进镜头精彩一些，尤其是当无人机的下方和前方的风景都很好的时候，可以实现一举两得。

我们在航拍这段俯视向前抬镜头的时候，具体操作如下。

① 将云台垂直90°朝下，右手向上推动右摇杆，让无人机前进飞行。

② 前进一段距离之后，同时左手食指向右拨动云台俯仰拨轮，让镜头慢慢抬起来。

7.3.2　俯视拉升镜头

俯视拉升镜头会逐步扩大视野，让画面越来越广，主体周围的环境元素越来越多，最终展示出一个大环境，如图7-6所示。利用斜线构图会让画面更有活力，同时选取亮眼的拍摄主体，能让画面更加吸睛。

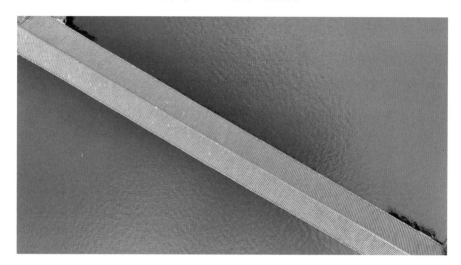

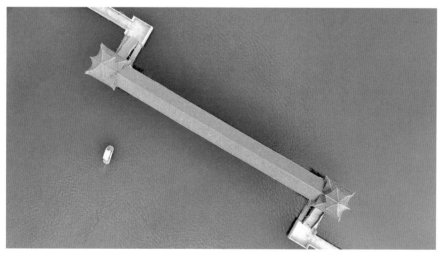

图 7-6　俯视拉升镜头

我们在航拍这段俯视拉升镜头的时候，可以将云台垂直90°朝下，左手向上推动左摇杆，让无人机上升飞行。

7.3.3　俯视旋转镜头

俯视旋转镜头是指无人机在俯视的时候进行旋转，这种上帝视角镜头加上旋转拍法，可以加强视觉效果，画面富有冲击力，如图7-7所示，用俯视旋转镜头拍摄秀峰立交桥，进行多角度展示。

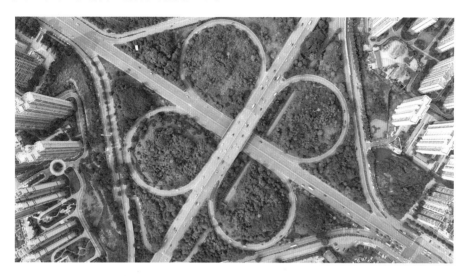

图 7-7　俯视旋转镜头

我们在航拍这段俯视旋转镜头的时候，可以将云台垂直90°朝下，左手向左推动左摇杆，让无人机旋转90°。

7.3.4　俯视旋转下降镜头

俯视旋转下降镜头即无人机在俯视旋转的时候，再加上下降的手法，使目标越来越近，越来越清晰，如图7-8所示。用俯视旋转下降镜头拍摄夜幕下的十字路口，画面会更有震撼感。

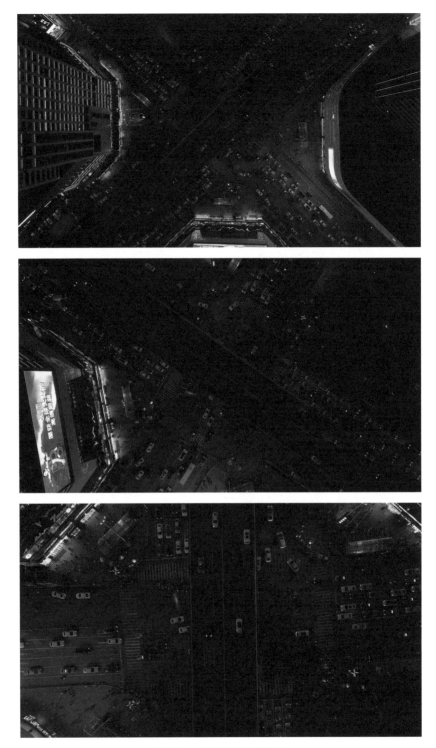

图 7-8　俯视旋转下降镜头

　　我们在航拍这段俯视旋转下降镜头的时候，可以将云台垂直90°朝下，左手向左下方的位置推动左摇杆，让无人机旋转并下降。

第 8 章
长焦之美：3 倍、7 倍与 28 倍变焦

　　大疆 Mavic 3 Pro 无人机最大的亮点就在于它的镜头，让无人机从此进入了"三摄"时代。大疆 Mavic 3 Pro 主摄搭载的是哈苏镜头，新增搭载了一个 4800 万像素 1/1.3 英寸传感器，并配备了等效 70mm F2.8 恒定光圈镜头。哈苏广角相机、中长焦相机和长焦相机这 3 个镜头可以实现多焦段变焦，让航拍有了更多的玩法。本章将为大家介绍相应的变焦模式和拍摄技巧。

8.1 变焦参数设置

扫码看教学视频

大疆Mavic 3 Pro的多段变焦功能可以让创作者更加自由地发挥，有效地提升工作效率。本节将为大家介绍相应的变焦参数设置。

8.1.1 中长焦相机：3倍聚焦

在一些用户的实际使用过程中，中长焦相机的使用次数可能会比哈苏广角相机的使用次数还要多，因为用户可以利用3倍变焦来突出主体。下面为大家介绍设置变焦的方法。

步骤01 在DJI Fly App的相机界面中，点击对焦条上的"3"按钮，如图8-1所示。

图 8-1　点击对焦条上的"3"按钮

步骤02 让画面实现3倍变焦，再微微调整云台的俯仰角度，即可突出小桥这个主体，如图8-2所示。

图 8-2　让画面实现 3 倍变焦

8.1.2 长焦相机：7倍放大

3倍变焦可以让画面具有空间压缩感，而7倍变焦则能放大主体，对局部进行刻画。下面为大家介绍设置变焦的方法。

点击对焦条上的"7"按钮，即可实现7倍变焦，把小桥放大，如图8-3所示（实现过程同图8-1~图8-2，类似操作图不再赘述）。在构图时，可以微微调整云台的俯仰角度。

图 8-3 实现 7 倍变焦

8.1.3 探索模式：28倍混合变焦

在"探索"模式下，相机镜头可以实现28倍混合变焦，满足一些用户的创作探索需求。下面为大家介绍设置变焦的方法。

步骤01 在DJI Fly App的相机界面中，点击左侧的拍摄模式按钮，在弹出的面板中，❶选择"录像"选项；❷选择"探索"拍摄模式；❸点击拍摄画面，如图8-4所示，消除弹出的提示。

图 8-4 点击拍摄画面

[步骤]02 用双指放大屏幕，放大到最大，即可实现28倍混合变焦，此时可以查看桥梁上的部分纹路和细节，如图8-5所示。

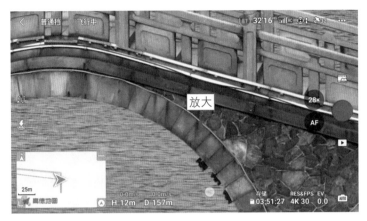

图 8-5 实现 28 倍混合变焦

8.2 长焦玩法

有了长焦，我们就可以用无人机拍出更多具有空间压缩感和创意的视频。本节将为大家介绍如何用长焦拍摄视频，以及实现希区柯克变焦效果的方法。

8.2.1 用长焦拍摄视频

在基本飞行动作的基础上，利用长焦拍摄视频，可以让我们的画面更加简洁、构图更加明朗。下面为大家介绍如何用长焦拍摄视频。

扫码看教学视频

[步骤]01 在相机界面的"录像"模式下，❶点击对焦条上的"3"按钮，让画面实现3倍变焦；❷点击拍摄按钮●，如图8-6所示。

图 8-6 点击拍摄按钮

[步骤]02 向右推动左摇杆，即可用长焦拍摄视频，效果如图8-7所示。

图 8-7　用长焦拍摄视频

8.2.2　希区柯克变焦玩法

扫码看教学视频

希区柯克变焦也称为滑动变焦，是指通过制造出被拍摄主体与背景之间的距离变化，而主体本身大小不会改变的视觉效果，营造出一种空间扭曲感。下面为大家介绍具体的拍法。

步骤01 无人机先远离主体，并让主体处于画面中间。在相机界面中，❶点击航点飞行按钮▦，弹出相应的面板，点击下拉按钮▾；❷点击➕按钮，添加航点1，如图8-8所示。

图 8-8　点击相应的按钮（1）

步骤02 向上推动右摇杆，让无人机向前飞行一段距离，靠近主体，❶点击➕按钮，添加航点2；❷点击航点1，如图8-9所示。

图 8-9　点击航点 1

步骤03 在弹出的面板中，❶点击"变焦"按钮；❷拖曳滑块，设置3倍变焦；❸点击返回按钮◀，如图8-10所示。

图 8-10　设置"变焦"参数

步骤04 点击航点2，在弹出的面板中，❶点击"相机动作"按钮；❷选择"开始录像"选项；❸点击返回按钮◀，如图8-11所示。

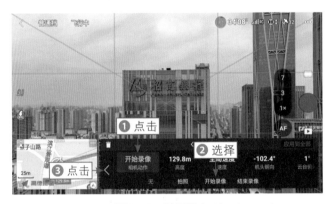

图 8-11　设置航点 2

步骤05 点击航点1，在弹出的面板中，❶设置"相机动作"为"结束录像"；❷点击返回按钮◀，如图8-12所示。

图 8-12　设置航点 1

步骤 06 点击更多按钮 **⋯**，在弹出的面板中，**❶** 设置"全局速度"为4.1m/s；**❷** 点击GO按钮，如图8-13所示。

图 8-13　点击 GO 按钮

步骤 07 无人机即可按照所设的航点进行飞行，如图8-14所示。开始飞行时，可以点击拍摄按钮 **⬤**，拍摄视频。

图 8-14　无人机进行航点飞行

步骤 08 拍摄完成后，查看视频效果，可以看到画面主体的大小没有改变，而背景却有所改变，如图8-15所示。

图 8-15　查看视频效果

第 9 章
焦点跟随：无人机自动跟随拍大片

在大疆 Mavic 3 Pro 无人机的焦点跟随模式下，有"跟随""聚焦""环绕"3 个模式，不同模式下的拍摄效果会有所区别。在跟随人、车、船等移动物体的时候，使用焦点跟随模式，可以让你解放双手，实现拍摄自由。与一键短片模式无人机自动拍摄视频不同，在焦点跟随模式下，需要用户手动点击拍摄按钮，才能拍摄视频。

9.1 "跟随"模式

扫码看教学视频

在大疆Mavic 3 Pro无人机的"跟随"模式下，用户可以让无人机从4个方向跟随目标对象。本节将为大家介绍具体的操作方法。

9.1.1　选择目标和模式

在让无人机跟随目标飞行拍摄之前，需要用户框选目标，才能进行相应的设置。下面介绍具体的操作方法。

在DJI Fly App的相机界面中，❶用手指在屏幕中框选游船作为目标，框选成功之后，目标会处于绿框内；❷绿框下面显示 图标，表示目标为船；❸在弹出的面板中选择"跟随"模式，如图9-1所示。

图 9-1　选择"跟随"模式

★ 专家提醒 ★

在框选目标之后，无人机会自动辨识目标物的属性。在绿框下面，根据目标的属性，比如人、车、船等目标会显示不同的图标。

9.1.2　无人机跟随目标

在选择目标和"跟随"模式之后，无人机将跟随目标飞行。在飞行的过程中，也可以拍摄视频。下面为大家介绍具体的操作方法。

步骤01 在上一节的操作之后，会弹出"追踪"菜单，❶默认选择B选项；❷点击GO按钮，如图9-2所示。在"追踪"菜单中，B表示从背后跟随，F表示从正面跟随，R表示从右侧跟随，L表示从左侧跟随。

步骤02 无人机将跟随轮船，并且边跟随边后退飞行，用户可以点击拍摄按钮 ，拍摄视频。飞行完成之后，点击Stop按钮，如图9-3所示，无人机即可停止自动飞行和跟随。

图 9-2　点击 GO 按钮

图 9-3　点击 Stop 按钮

9.2 "聚焦"模式

扫码看教学视频

　　当我们使用"聚焦"跟随模式时，无人机将锁定目标对象，不论无人机向哪个方向飞行，相机镜头都会一直锁定目标对象。如果用户没有打杆，那么无人机将保持固定位置不动，但云台镜头会紧紧锁定和跟踪人物目标。

　　用户也可以调整云台的俯仰角度，进行构图拍摄，下面介绍具体的操作方法。

　　步骤01 在DJI Fly App的相机界面中，❶用手指在屏幕中框选游轮作为目标，框选成功之后，目标即处于绿框内；❷默认选择"聚焦"模式，如图9-4所示。

　　步骤02 在游轮移动的时候，无人机会调整相机云台的角度来锁定行人。此时，用户可以拨动云台俯仰拨轮，设置俯仰角度为–11°，调整构图，如图9-5所示。无人机在"聚焦"模式下，也会自动让框选目标处于画面中间的位置。

图 9-4　选择"聚焦"模式

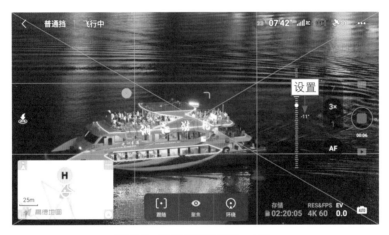

图 9-5　设置俯仰角度为 –11°

步骤03 在目标慢慢远离的时候，点击绿框左上角的 按钮，如图9-6所示，退出"聚焦"跟随模式。

图 9-6　点击绿框左上角的相应按钮

9.3 "环绕"模式

扫码看教学视频

"环绕"模式是指无人机在跟随目标对象的同时，环绕目标对象飞行。使用"环绕"跟随模式，既可以让无人机向左环绕，也可以让无人机向右环绕，同时还能设置环绕飞行的速度。下面介绍具体的操作方法。

步骤01 在DJI Fly App的相机界面中，❶用手指在屏幕中框选游船作为目标，框选成功之后，目标即处于绿框内；❷绿框下面显示 图标，表示目标为船；❸在弹出的面板中选择"环绕"模式，如图9-7所示。

图 9-7　选择"环绕"模式

步骤02 ❶默认选择向右环绕的方式；❷点击GO按钮，如图9-8所示，无人机将跟随并环绕轮船，向右飞行。

图 9-8　点击 GO 按钮

步骤03 向右滑动控制按钮，将环绕速度设置为"快"，如图9-9所示。

步骤 04 无人机将提高环绕飞行的速度，如图9-10所示，飞行到轮船的侧面。

图 9-9　将环绕速度设置为"快"

图 9-10　无人机将提高环绕飞行的速度

步骤 05 ❶向左滑动控制按钮，将环绕速度设置为"慢"，无人机即慢速环绕游船飞行；❷点击Stop按钮，如图9-11所示，无人机即可停止自动飞行。

图 9-11　点击 Stop 按钮

第 10 章
一键短片：快速拍出成品视频

在 DJI Fly App 中有一键短片模式，用户可以运用这些飞行模式快速拍出精彩的成品视频。本章主要介绍如何使用一键短片模式进行拍摄，具体包括"渐远""冲天""环绕""螺旋""彗星""小行星"等模式。不同模式拍摄出来的视频效果会有所不同，大家在学会这些模式之后，就可以自由地进行航拍创作了。

10.1 "渐远"模式

一键短片模式中的"渐远"模式是指无人机以目标为中心逐渐后退并上升飞行。本节将为大家介绍具体的操作方法。

10.1.1 选择拍摄目标

在使用"渐远"模式拍摄视频的时候，需要先选择拍摄目标，无人机才能进行相应的飞行操作。下面介绍具体的操作方法。

步骤 01 在DJI Fly App的相机界面中，点击左侧的拍摄模式按钮▭，如图10-1所示。

图 10-1　点击拍摄模式按钮

步骤 02 在弹出的面板中，❶选择"一键短片"选项；❷默认选择"渐远"拍摄模式；❸点击▭按钮，如图10-2所示，选择小船作为目标。

图 10-2　点击相应的按钮

10.1.2　无人机进行飞行拍摄

用户在选好目标之后，接下来就可以利用无人机进行飞行拍摄了，创作出需要的视频。下面介绍具体的操作方法。

步骤01 选择目标之后，目标会在绿色的方框内，默认飞行"距离"参数为30m，点击Start按钮，如图10-3所示。

图 10-3　点击 Start 按钮

★ 专家提醒 ★

点击"距离"右侧的下拉按钮，可以更改飞行距离。

步骤02 执行操作后，无人机进行后退和拉高飞行，如图10-4所示。

图 10-4　无人机进行后退和拉高飞行

步骤03 完成拍摄任务后，无人机将自动返回到起点，如图10-5所示。

步骤04 使用"渐远"模式拍摄的视频效果如图10-6所示。

图 10-5　无人机将会自动返回到起点

图 10-6　使用"渐远"模式拍摄的视频效果

10.2　"冲天"模式

扫码看教学视频

使用"冲天"模式拍摄时，在框选目标对象后，无人机的云台相机将垂直90°俯视目标对象，然后垂直上升，离目标对象越飞越远。下面介绍具体的操作方法。

步骤01 在拍摄模式面板中，❶选择"一键短片"选项；❷选择"冲天"模式；❸点击 按钮，选择目标，如图10-7所示。

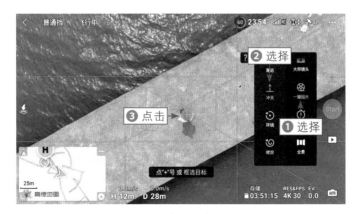

图 10-7　点击相应的按钮

步骤 02 点击下拉按钮 ，❶设置"高度"为40m；❷点击Start按钮，如图10-8所示。

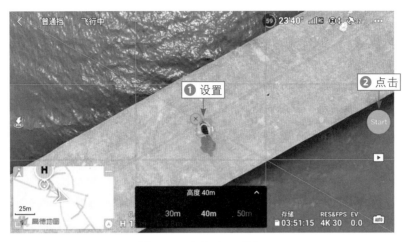

图 10-8　点击 Start 按钮

步骤 03 无人机即可开始进行冲天飞行，拍摄完成后，将自动飞回起点，如图10-9所示。

图 10-9　无人机将会自动飞回起点

步骤 04 使用"冲天"模式拍摄的视频效果如图10-10所示。

 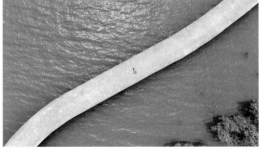

图 10-10　使用"冲天"模式拍摄的视频效果

10.3 "环绕"模式

扫码看教学视频

"环绕"模式是指无人机将围绕目标对象进行环绕飞行，下面介绍具体的操作方法。

步骤01 在DJI Fly App的相机界面中，点击拍摄模式按钮□。在弹出的面板中，❶选择"一键短片"选项；❷选择"环绕"拍摄模式；❸点击██按钮，选择目标，如图10-11所示。

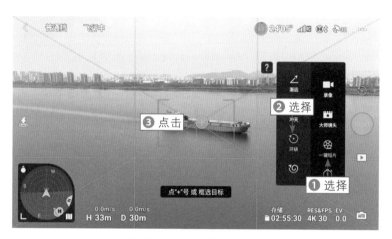

图 10-11　点击相应的按钮

步骤02 框选目标之后，默认选择逆时针环绕飞行方式，点击Start按钮，如图10-12所示。

图 10-12　点击 Start 按钮

步骤03 无人机开始围绕轮船进行环绕飞行，效果如图10-13所示。当无人机飞远以后，可以按下遥控器上的急停按键停止拍摄。

步骤04 使用"环绕"模式拍摄的视频效果如图10-14所示。

图 10-13　无人机围绕轮船进行环绕飞行

图 10-14　使用"环绕"模式拍摄的视频效果

10.4　"螺旋"模式

扫码看教学视频

　　"螺旋"模式是指无人机围绕目标对象飞行一圈之后，逐渐拉升一段距离。下面介绍具体的操作方法。

　　步骤01　在DJI Fly App的相机界面中，点击拍摄模式按钮□。在弹出的面板中，❶选择"一键短片"选项；❷选择"螺旋"拍摄模式；❸点击■按钮，选择目标，如图10-15所示。

图 10-15　点击相应的按钮

步骤02 选择目标之后，❶选择逆时针环绕方式；❷点击Start按钮，如图10-16所示。

图 10-16　点击 Start 按钮

步骤03 无人机即可围绕目标对象逆时针飞行一圈，并逐渐拉升一段距离，如图10-17所示，之后会返回到起点位置。

图 10-17　无人机围绕目标对象逆时针飞行一圈

步骤04 使用"螺旋"模式拍摄的视频效果如图10-18所示。

图 10-18　使用"螺旋"模式拍摄的视频效果

★ 专家提醒 ★

　　"环绕"和"螺旋"模式都可以选择环绕方向，进行顺时针或者逆时针环绕。

10.5 "彗星"模式

当使用"彗星"模式拍摄时，无人机将以椭圆的轨迹飞行，环绕到目标对象的后面并飞回起点。下面介绍具体的操作方法。

步骤01 在DJI Fly App的相机界面中，点击左侧的拍摄模式按钮□。在弹出的面板中，❶选择"一键短片"选项；❷选择"彗星"拍摄模式；❸框选轮船作为目标点；❹点击Start按钮，如图10-19所示。

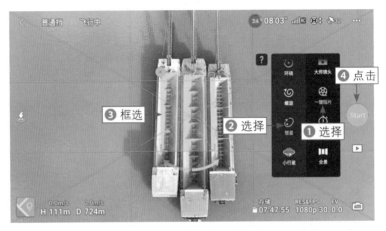

图 10-19　点击 Start 按钮

步骤02 无人机即可开始进行环绕飞行，最后再飞回到起点，效果如图10-20所示。

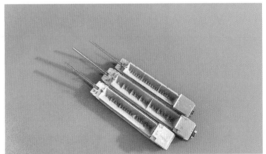

图 10-20　使用"彗星"模式拍摄的视频效果

10.6 "小行星"模式

使用"小行星"模式拍摄时，可以完成一个从局部到全景的漫游小视频，效果非常吸引人眼球。下面介绍具体的操作方法。

步骤01 在DJI Fly App的相机界面中，点击左侧的拍摄模式按钮□。在弹出的面板中，❶选择"一键短片"选项；❷选择"小行星"拍摄模式，如图10-21所示。

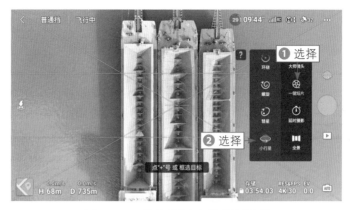

图 10-21　选择"小行星"拍摄模式

步骤02 ❶用手指在屏幕中框选3条轮船作为目标；❷点击Start按钮，如图10-22所示，无人机开始飞行。

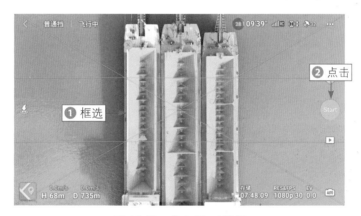

图 10-22　点击 Start 按钮

步骤03 执行操作后，即可使用"小行星"模式一键拍摄短片，视频效果如图10-23所示。

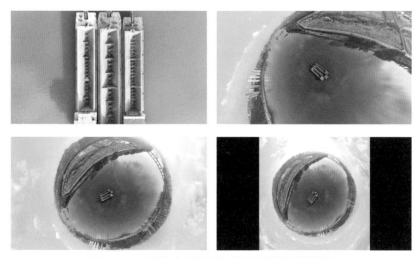

图 10-23　使用"小行星"模式拍摄的视频效果

第 11 章
大师镜头：套模板快速拍剪成片

对小白来说，大师镜头是非常实用的一个智能拍摄模式。当面对目标物，却不知道如何运镜时，在 DJI Fly App 的相机界面中选择"大师镜头"拍摄模式，就能给你带来不一样的视角和惊喜。大师镜头包含 3 种飞行轨迹、10 段镜头及 20 种模板，本章将帮助大家学会使用这个模式。

11.1　近景拍法

扫码看教学视频

在"大师镜头"模式下，无人机会根据拍摄对象，自动规划出飞行轨迹。本节主要介绍如何用大师镜头拍摄近景建筑，并选择合适的模板，让无人机自动剪辑成片。

11.1.1　选择建筑为目标

在拍摄视频之前，需要选择目标，用户可以通过框选或者点击目标对象的方式，选择目标。下面介绍具体操作方法。

步骤 01 在DJI Fly App的相机界面中，点击左侧的拍摄模式按钮▭，如图11-1所示。

图 11-1　点击拍摄模式按钮

步骤 02 在弹出的面板中，❶选择"大师镜头"选项；❷点击↙按钮消除提示，如图11-2所示。

图 11-2　点击相应的按钮

步骤 03 界面中弹出选择目标的信息提示，如图11-3所示。

图 11-3　界面中弹出相应的提示

步骤 04 用手指在屏幕中框选目标对象，等方框内的区域变绿，即表示成功选择目标，如图11-4所示。

图 11-4　成功选择目标

11.1.2　航拍10段大师镜头

在选择完目标之后，下一步就是拍摄镜头。在拍摄的时候，无人机会按着轨迹飞行和运镜拍摄，这时候不需要操作摇杆，只需要观察无人机周围有无障碍物即可。如果遇到障碍物，及时按下急停按钮，让无人机停止飞行和拍摄。下面介绍相应的操作方法。

步骤 01 ❶点击地图可以查看飞行范围和轨迹信息；❷点击界面下方弹出的面板，可以展开并设置轨迹参数，如图11-5所示。

步骤 02 设置完成之后，点击Start按钮，即开始拍摄任务，如图11-6所示。

步骤 03 界面下方弹出"请关注飞行环境安全"提示，提示用户注意无人机的避障安全，如图11-7所示。

图 11-5　可以展开并设置轨迹参数

图 11-6　点击 Start 按钮

图 11-7　弹出"请关注飞行环境安全"提示

步骤04 之后弹出"位置调整中…"提示，无人机会自动调整位置，如图11-8所示。

图 11-8　弹出"位置调整中…"提示

步骤05 ❶界面中弹出"渐远"提示，表示无人机开始运镜拍摄；❷界面右侧会显示拍摄进度，如图11-9所示。

图 11-9　显示拍摄进度

步骤06 下面我们来欣赏拍摄好的10段镜头，效果如图11-10所示。

渐远

远景环绕

抬头前飞

近景环绕

中景环绕

图 11-10

冲天

扣拍前飞

扣拍旋转

平拍下降

扣拍下降

图 11-10　10 段镜头画面

步骤07 拍摄完成后，界面中弹出"拍摄任务完成，将自动返回任务起点"提示，如图11-11所示，之后无人机飞回起点。

图 11-11　弹出相应的提示

11.1.3　套用模板生成视频

在DJI Fly App中有20种风格模板可选，大家可以根据视频内容选择模板，一键导出成品视频。下面介绍操作方法。

步骤01 在相机界面中点击回放按钮 ▶ ，如图11-12所示。

图 11-12　点击回放按钮

步骤02 ❶切换至"飞机图库"选项卡；❷选择拍摄好的视频素材，如图11-13所示。

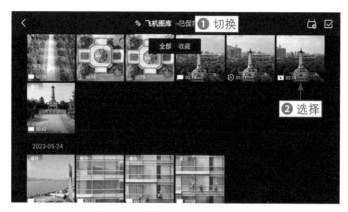

图 11-13　选择拍摄好的视频素材

步骤03 进入相应的界面，点击"生成大师镜头"按钮，如图11-14所示。

图 11-14　点击"生成大师镜头"按钮

步骤04 ❶切换至"欢快"选项卡；❷选择"夏日盛会"选项；❸点击导出按钮，
如图11-15所示。

图 11-15　点击导出按钮

步骤 05 界面中弹出"作品已导出至本地相册"提示，如图11-16所示，成功导出视频。

图 11-16　弹出"作品已导出至本地相册"提示

11.2　人像拍法

扫码看教学视频

用大师镜头也可以拍摄人像，不过人像的位置最好是不变的，否则无人机的画面构图会有偏移。本节主要介绍如何用大师镜头拍摄人像、套用模板，快速导出视频。

11.2.1　选择人物为目标

在屏幕中点击人像身上的按钮，就可以框选人物作为目标。下面介绍具体的操作方法。

步骤 01 在DJI Fly App的相机界面中，点击左侧的拍摄模式按钮□。在弹出的面板中，❶选择"大师镜头"选项；❷点击人像身上的按钮，如图11-17所示。

图 11-17　点击相应的按钮

步骤02 ❶让人像处于绿框内，即表示成功选择目标；❷点击Start按钮，如图11-18所示，无人机开始拍摄。

图 11-18　点击 Start 按钮

11.2.2　航拍10段大师镜头

在用大师镜头拍摄人像的时候，无人机还是会拍摄10段镜头画面。下面为大家展示拍摄好的视频效果，如图11-19所示。

缩放变焦

中景环绕

近景环绕

渐远

远景环绕

抬头前飞

图 11-19

冲天

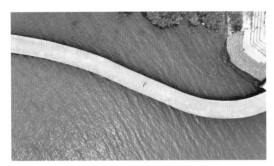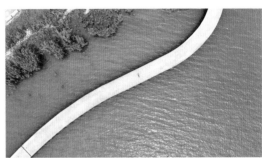

扣拍旋转

平拍下降

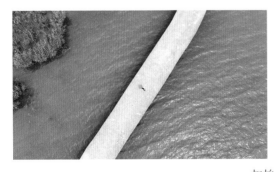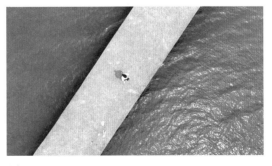

扣拍下降

图 11-19　10 段镜头画面

11.2.3　套用模板生成视频

在套用模板的时候，最好选择与视频风格类似的模板，这样生成的视频才自然。下面介绍操作方法。

步骤01 在DJI Fly App的相册中选择拍摄好的大师镜头人像视频，进入相应的界面，点击"生成大师镜头"按钮，如图11-20所示。

图 11-20　点击"生成大师镜头"按钮

步骤02 ①切换至"流行"选项卡；②选择"探索远方"选项；③点击导出按钮，如图11-21所示，即可导出成品视频。

图 11-21　点击导出按钮

★ 专家提醒 ★

在大师镜头包含的 3 种飞行轨迹中，还包括远景拍法，在镜头上，可能会有一些运镜上的区别。由于飞行拍摄的操作步骤都是一样的，本章就不做详细的介绍了。

第12章
延时摄影：时间压缩下的韵动之美

　　无人机的延时摄影功能是无人机航拍一个巨大的亮点，掌握这项功能，可以让你的无人机航拍水平再上升一个台阶。在拍摄慢速或连续变化的场景时，如日出日落、云彩飘动、花开花落、城市夜景等，延时视频能让观众有一种与众不同的视觉体验。本章将为大家介绍用无人机进行延时摄影的方法。

12.1　航拍延时视频前的准备

延时摄影能够将时间大量压缩，将拍摄的几个小时画面，通过串联或抽掉帧数的方式，将其压缩，缩短时间播放，在视觉上给人震撼感。

如今，大疆生产的大部分无人机已经内置了延时拍摄功能，新手也可以轻松拍摄出电影级延时摄影大片。本节主要介绍航拍延时的相关注意事项，让大家做好拍摄准备。

12.1.1　了解拍摄要点

航拍延时视频的最终效果是浓缩的视频，它具有以下特点。

① 它可以浓缩时间，航拍延时视频可以把航拍的20分钟视频在10秒钟内甚至是5秒钟内播放完毕，展现时间的飞逝。

② 航拍延时视频的时候，推荐大家以照片的形式进行拍摄，然后再通过后期合成视频。照片所需的容量要比记录20分钟的视频空间要小很多，同时也为后期处理提供了空间。

③ 航拍延时视频的画质高，拍摄夜景快门速度可以延长至1秒拍摄，且可以轻松控制噪点。

④ 航拍延时视频可以长曝光，当快门速度达到1秒后，车子的车灯和尾灯就会形成光轨。

⑤ 用户可以选择拍摄DNG格式的原片，后期调整的空间很大，这样可以让制作出来的视频画质更高，保留更多的图像细节。

对于延时视频的航拍要点，这里总结了一些经验技巧。

① 飞行高度一定要尽量高，距离拍摄物体有一定的距离后，可以在一定程度上忽略无人机带来的飞行误差。

② 一定要采用边飞边拍的智能飞行模式拍摄，自动飞行远比停下来拍摄要稳定，也比手动操作稳定。

③ 飞行速度一定要慢，一是为了使无人机在相对稳定的速度下拍摄，使画面不至于模糊不清；二是因为航拍延时视频需要几分钟左右的时间，只有很慢的速度才能使最终的视频播放速度恰当。比如拍摄一段旋转下降的延时视频，如果飞行速度太快的话，那么旋转的速度就会很快，最终的视频画面会让人看得头晕。

④ 间隔越短越好。建议大家在拍摄时，最好设置2秒的拍摄间隔，也不要通过手动按快门的方式拍摄。

⑤ 避免前景过近，后景层次太多。无人机毕竟有误差，前景过近和后景层次太多都会影响画面的稳定性，后期无法修正视频抖动的情况。

⑥ 要熟悉无人机最慢可以接受的慢门速度。根据测试，在1.6s的快门速度下，延时视频的清晰度就会急剧下降，建议将快门速度控制在1s左右。

⑦ 建议在飞行前校准指南针，减缓定向延时、轨迹延时飞行方向的偏差。

⑧ 航拍延时视频的时候建议在无风或微风的环境下，因为风速过大会影响无人机的

稳定性，风太大会导致延时成片抖动，建议在开始拍摄前通过目视或观察姿态球，判断无人机的姿态是否平稳。

⑨ 要避免强光闪烁，建议避免画面中出现户外大屏、舞台灯光等。

⑩ 为了避免成片主体不完整，建议在取景框内进行构图拍摄。

12.1.2 做好准备工作

延时拍摄需要花费大量的时间成本，有时候需要好几个小时才能拍出一段理想的片子。如果不想自己拍出来的是废片，那么建议事先做好充足的准备，只有这样才能更好地提高出片效率。下面介绍几点航拍延时视频前的准备工作。

① 存储卡在延时拍摄中很重要，在连续拍摄的过程中，如果SD卡存在缓存问题，就很容易导致画面卡顿，甚至漏拍。在拍摄前，最好准备一张大容量、高传输速度的SD卡。

② 设置好拍摄参数，推荐大家用M挡拍摄，可以在拍摄中根据光线变化调整光圈、快门速度和ISO参数。

③ 建议打开保存原片设置，保存原片会给后期调整带来了更多的空间，也可以制作出4K分辨率的延时视频效果。

④ 白天拍摄延时视频的时候，建议配备ND64滤镜，降低快门速度为1/8s，达到延时视频画面比较自然的动感模糊效果。

⑤ 建议用户采用手动对焦，对准目标自动对焦完毕后，切换至手动模式，避免拍摄途中焦点漂移，导致拍摄出来的画面不清晰。

⑥ 由于延时拍摄的时间较长，建议用户让无人机在满电或者电量充足的情况下拍摄，避免无人机没电，影响拍摄效率。

12.1.3 了解延时模式

建议新手用户在开始学习航拍延时视频的时候，先从无人机内置的延时功能开始学习，后续再根据拍摄需求增加自定义拍摄方法。下面介绍进入"延时摄影"模式的操作方法。

步骤01 在DJI Fly App的相机界面中，点击左侧的拍摄模式按钮，如图12-1所示。

图 12-1 点击拍摄模式按钮

步骤02 在弹出的面板中，❶选择"延时摄影"选项；❷会显示4种延时拍摄模式，有自由延时、环绕延时、定向延时和轨迹延时，如图12-2所示。

图 12-2　弹出 4 种延时拍摄模式

12.1.4　保存RAW格式的原片

在航拍延时视频的时候，我们一定要保存延时摄影的原片，否则无人机在拍摄完成后，只会合成一个1080p的延时视频。这个视频像素是满足不了我们的需求的，只有保存了原片，后期调整空间才会更大，制作出来的延时视频效果才会更好看。

下面介绍保存RAW格式文件的操作方法，具体步骤如下。

步骤01 在飞行界面中点击拍摄模式按钮，进入相应的面板。❶选择"延时摄影"选项，默认选择"自由延时"模式；❷点击系统设置按钮●●●，如图12-3所示。

图 12-3　点击系统设置按钮

步骤02 ❶点击"拍摄"按钮，进入"拍摄"设置界面；❷在"延时摄影"板块中选择"原片类型"为RAW；❸开启"取景框"，如图12-4所示。

图 12-4　开启"取景框"

步骤 03 还有一个保存原片的方法。在延时摄影模式下，❶ 点击右下角的"格式"按钮；❷ 在弹出的面板中选择 RAW 格式，如图 12-5 所示，即可完成保存 RAW 格式原片的设置。

图 12-5　选择 RAW 格式

★ 专家提醒 ★

　　RAW 格式原片的后期处理空间很大，对于拍摄完成的 RAW 格式原片，可以在 Photoshop 或者 Lightroom 等软件中进行批量调色与处理，这样在合成延时视频的时候，就能使视频画面的色彩效果更加符合需求。

12.2　4 种延时视频的拍法

　　目前大疆无人机包含4种延时模式，选择相应的延时拍摄模式后，无人机将在设定的时间内自动拍摄一定数量的序列照片，并生成延时视频。本节主要介绍4种延时摄影模式的用法，帮助大家学会拍摄延时视频。

12.2.1　拍法1：自由延时

自由延时是唯一一种不用起飞就可以拍摄的延时模式，可以在地面拍摄，也可以在空中悬停拍摄。不过，随着定速巡航功能的更新，将其与自由延时搭配使用，可以拍出大范围的移动延时视频。下面介绍自由延时模式的基本用法。

步骤01 在DJI Fly App的相机界面中，点击左侧的拍摄模式按钮▢，如图12-6所示。

图 12-6　点击拍摄模式按钮

步骤02 在弹出的面板中，❶选择"延时摄影"选项；❷默认选择"自由延时"拍摄模式；❸点击下拉按钮▼，如图12-7所示。

图 12-7　点击下拉按钮

步骤03 界面下方会显示拍摄间隔、视频时长和最大速度，点击"最大速度"按钮，如图12-8所示。

步骤04 ❶设置速度为1.1m/s；❷点击▼按钮确认；❸点击拍摄按钮●，如图12-9所示。

图 12-8 点击"最大速度"按钮

图 12-9 点击拍摄按钮

步骤 05 无人机开始拍摄序列照片，如图12-10所示。在照片张数右侧有个 **+1s** 按钮，如果点击该按钮，最终合成的视频时长将增加1秒，拍摄张数会增加25张，拍摄时间也会延长。

图 12-10 无人机开始拍摄序列照片

步骤 06 照片拍摄完成后，弹出"正在合成视频"提示，右侧也会显示合成的进度，如图12-11所示。

图 12-11　弹出"正在合成视频"提示

步骤 07 待合成完毕后，弹出"视频合成完毕"提示，视频拍摄完成，如图12-12所示。

图 12-12　弹出"视频合成完毕"提示

步骤 08 下面来欣赏拍摄好的自由延时视频，主要记录了天空中云朵的变化，效果如图12-13所示。

图 12-13　自由延时视频效果

12.2.2　拍法2：环绕延时

在"环绕延时"模式中，无人机可以自动根据框选的目标计算环绕半径，然后用户可以选择顺时针或者逆时针环绕拍摄。在选择环绕目标对象时，尽量选择位置上没有明显变化的物体对象。下面介绍环绕延时视频的具体拍法。

步骤01 在DJI Fly App的相机界面中，点击左侧的拍摄模式按钮□。在弹出的面板中，❶选择"延时摄影"选项；❷选择"环绕延时"拍摄模式，如图12-14所示。

图 12-14　选择"环绕延时"拍摄模式

步骤02 ❶用手指在屏幕中框选目标；❷点击下拉按钮☑，如图12-15所示。

图 12-15　点击下拉按钮

步骤03 设置默认的拍摄间隔、视频时长、速度和逆时针环绕方向，点击拍摄按钮◙，如图12-16所示。

步骤04 无人机会测算一段距离，测算完成后，会更新拍摄进度，如图12-17所示。

步骤05 拍摄完成后，界面中弹出"正在合成视频"的提示，如图12-18所示。

图 12-16　点击拍摄按钮

图 12-17　更新拍摄进度

图 12-18　弹出"正在合成视频"的提示

步骤 06 合成完成后，弹出"视频合成完毕"的提示，视频拍摄完成，如图 12-19 所示。

图 12-19 弹出"视频合成完毕"的提示

步骤 07 下面来欣赏拍摄好的环绕延时视频，记录了云朵的变化，效果如图 12-20 所示。

图 12-20 环绕延时视频效果

12.2.3　拍法3：定向延时

"定向延时"模式通常用于拍摄直线飞行的移动延时视频，并且可以利用"定向延时"模式拍摄甩尾效果的视频。在"定向延时"模式下，一般默认将当前无人机的朝向设定为飞行方向，如果不修改无人机的镜头朝向，无人机则向前飞行。下面介绍定向延时视频的具体拍法。

步骤01 在DJI Fly App的相机界面中，点击左侧的拍摄模式按钮□。在弹出的面板中，❶选择"延时摄影"选项；❷选择"定向延时"拍摄模式；❸点击 按钮消除提示，如图12-21所示。

图 12-21　点击相应的按钮

步骤02 ❶点击锁定按钮🔓，锁定航线🔒；❷框选目标；❸点击下拉按钮✓，如图12-22所示。

图 12-22　点击下拉按钮

步骤03 设置默认的拍摄间隔和视频时长，点击"速度"按钮，如图12-23所示。

图 12-23 点击"速度"按钮

步骤04 ❶设置"速度"参数为 1.5m/s；❷点击✔按钮；❸点击拍摄按钮⬛，如图 12-24 所示。

图 12-24 点击拍摄按钮

步骤05 照片拍摄完成后，无人机会自动合成延时视频，如图 12-25 所示。

图 12-25 无人机会自动合成延时视频

步骤06 下面来欣赏拍摄好的定向延时视频，也是一段甩尾延时视频，效果如图12-26所示。

图 12-26 定向延时视频效果

12.2.4 拍法4：轨迹延时

使用"轨迹延时"拍摄模式时，可以设置多个航点，主要是需要设置画面的起幅和落幅。在拍摄之前，用户需要提前让无人机沿着航线飞行，到达所需的高度，设定朝向后再添加航点，航点会记录无人机的高度、朝向和摄像头角度。

扫码看教学视频

全部航点设置完毕后，无人机可以按正序或倒序的方式拍摄轨迹延时视频。下面介绍轨迹延时视频的具体拍法。

步骤01 在DJI Fly App的相机界面中，点击左侧的拍摄模式按钮□。在弹出的面板中，❶选择"延时摄影"选项；❷选择"轨迹延时"拍摄模式，如图12-27所示。

图 12-27　选择"轨迹延时"拍摄模式

步骤 02 ❶设置3倍焦段；❷点击下拉按钮 ，如图12-28所示。

图 12-28　点击下拉按钮

步骤 03 点击 按钮，设置无人机轨迹飞行的起幅点，如图12-29所示。

图 12-29　点击相应的按钮（1）

步骤 04 让无人机向前飞行一段距离，点击 ■ 按钮，继续添加轨迹点，如图12-30 所示。

图 12-30　继续添加轨迹点

步骤 05 让无人机再向前飞行一段距离，❶点击 ■ 按钮，添加落幅点；❷点击 ■ 按钮，如图12-31所示。

图 12-31　点击相应的按钮（2）

步骤 06 ❶设置"拍摄顺序"为"逆序"；❷设置"拍摄间隔"参数为3s；❸点击拍摄按钮 ●，如图12-32所示。

图 12-32　点击拍摄按钮

步骤 07 无人机沿着轨迹逆序飞行拍摄，无人机飞行到起幅点的位置之后，会停止飞行，自动合成延时视频，如图12-33所示。

图 12-33　合成延时视频

步骤 08 下面来欣赏拍摄好的轨迹延时作品，是一段后退延时视频，效果如图12-34所示。

图 12-34　轨迹延时视频效果

第 13 章

照片处理：用醒图快速美化出片

醒图 App 是一款功能强大的后期修图 App，无论是编辑照片，还是添加滤镜和调色，都十分方便。醒图 App 中不仅有各种各样的滤镜，还可以为照片添加文字和贴纸，为照片的调色和美化增加了更多的奇趣体验。本章主要介绍如何在醒图 App 中进行照片的基本调节和美化升级，让使用无人机航拍的照片更加惊艳。

13.1 对照片进行基本调节

　　醒图App中的调节功能非常强大，而且都是非常基础的功能，学会这些基本的调节操作，能让你的图片处理水平提高一个级别。本节将为大家介绍如何在醒图App中对照片进行基本的调节。

13.1.1 构图处理，转变比例

　　【效果对比】：利用醒图中的构图功能可以对图片进行裁剪、旋转和矫正处理。下面为大家介绍如何对航拍照片进行构图处理，并改变画面的比例。原图与效果图对比如图13-1所示。

图 13-1　原图与效果图对比

构图处理的操作步骤如下。

　　步骤01 打开醒图App，点击"导入"按钮，如图13-2所示。

　　步骤02 在"全部照片"界面中选择一张照片，如图13-3所示。

　　步骤03 进入醒图的照片编辑界面，❶切换至"调节"选项卡；❷选择"构图"选项，如图13-4所示。

　　步骤04 ❶选择"正方形"选项，更改比例；❷点击"还原"按钮，如图13-5所示。

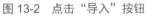

图 13-2　点击"导入"按钮　　　图 13-3　选择一张照片　　　图 13-4　选择"构图"选项

步骤05 复原比例，❶选择9∶16选项，更改照片比例；❷调整照片的位置，确定构图之后；❸点击✔按钮，如图13-6所示。

步骤06 预览效果，可以看到照片最终变成竖屏样式，裁剪了不需要的画面，还展示了更细节的画面内容，之后点击保存按钮↓，将照片保存至相册中，如图13-7所示。

图 13-5　点击"还原"按钮　　　图 13-6　点击相应的按钮　　　图 13-7　点击保存按钮

★ 专家提醒 ★

除了选定比例样式进行二次构图，还可以拖曳裁剪边框进行构图。

13.1.2 局部调整，改变亮度

扫码看教学视频

【效果对比】：通过局部调整能够提高局部的亮度，也可以降低局部的亮度。本节主要是把照片的天空部分提亮，让夕阳云彩更加美丽。原图与效果图对比如图13-8所示。

图 13-8　原图与效果图对比

局部调整亮度的操作步骤如下。

步骤01 在醒图App中导入照片素材，❶切换至"调节"选项卡；❷选择"局部调整"选项，如图13-9所示。

步骤02 进入"局部调整"界面，弹出相应的操作步骤提示，如图13-10所示。

步骤03 ❶点击画面上方天空的位置，添加一个点；❷向右拖曳滑块，设置"亮度"参数为100，提高天空的亮度，如图13-11所示。

图 13-9　选择"局部调整"选项　　图 13-10　弹出相应的操作步骤提示　　图 13-11　设置"亮度"参数

在"局部调整"界面中添加点之后，除了可以调整局部的"亮度"参数，还可以调整"对比度""饱和度""结构"等参数。

13.1.3　智能优化，照片变美

扫码看教学视频

【效果对比】：利用醒图App里的智能优化功能可以一键处理照片，优化原图色彩和明度，让照片画面更加亮丽。原图与效果图对比如图13-12所示。

图 13-12　原图与效果图对比

智能优化图像的操作步骤如下。

步骤01 在醒图App中导入照片素材，❶切换至"调节"选项卡；❷选择"智能优化"选项，如图13-13所示。

步骤02 优化照片画面之后，设置"光感"参数为30，提亮画面，如图13-14所示。

步骤03 设置"饱和度"参数为72，让画面色彩更鲜艳一些，从而让照片更加美观，如图13-15所示。

图 13-13　选择"智能优化"选项　　图 13-14　设置"光感"参数　　图 13-15　设置"饱和度"参数

13.1.4　色彩优化，吸引人眼球

扫码看教学视频

【效果对比】：有时候航拍的照片色彩不是很好，在醒图App中通过调节相应的参数，就可以拯救"废片"，获得一张心仪的照片。原图与效果图对比如图13-16所示。

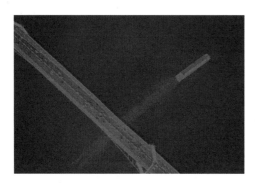
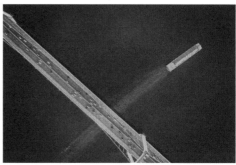

图 13-16　原图与效果图对比

进行色彩优化的操作步骤如下。

步骤01 在醒图App中导入照片素材，❶切换至"调节"选项卡；❷选择"曝光"选项；❸设置"曝光"参数为56，提亮画面，如图13-17所示。

步骤02 设置"对比度"参数为56，增强画面的明暗对比，如图13-18所示。

步骤03 设置"结构"参数为26，让画面变清晰一些，如图13-19所示。

图 13-17　设置"曝光"参数　　图 13-18　设置"对比度"参数　　图 13-19　设置"结构"参数

步骤04 选择HSL选项，❶在HSL界面中选择绿色选项◯；❷设置"色相"参数为38、"饱和度"参数为43、"明度"参数为−37，调整画面中的绿色，使其偏墨绿一些，

部分参数设置如图13-20所示。

步骤05 设置"色调"参数为-100，让画面偏绿调，如图13-21所示。

步骤06 设置"自然饱和度"参数为31，再稍微提升一下色彩饱和度，让画面整体更自然一些，如图13-22所示。

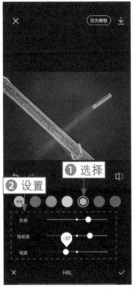
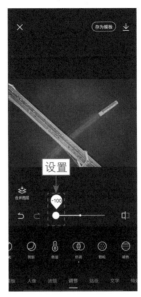

图 13-20　设置相应的参数　　图 13-21　设置"色调"参数　　图 13-22　设置"自然饱和度"参数

13.1.5　调节曝光，增加质感

【效果对比】：在傍晚航拍的时候，由于太阳落山了，所以画面整体的光线就会比较暗淡，后期可以调整曝光，提亮画面。原图与效果图对比如图13-23所示。

图 13-23　原图与效果图对比

调节曝光的操作步骤如下。

步骤01 在醒图App中导入照片素材，❶切换至"调节"选项卡；❷选择"光感"选项；❸设置"光感"参数为100，让画面变亮一些，如图13-24所示。

步骤02 ❶选择"亮度"选项；❷设置"亮度"参数为20，再继续提亮画面，如图13-25所示。

步骤 03 ❶选择"曝光"选项；❷设置"曝光"参数为14，增加曝光，让画面不再那么暗，如图13-26所示。

图 13-24　设置"光感"参数　　　图 13-25　设置"亮度"参数　　　图 13-26　设置"曝光"参数

13.2　对照片进行美化升级

在醒图App中有滤镜功能，可以一键调色；还可以为照片添加文字和贴纸；还有拼图功能，可以把多张照片拼接在一起；利用消除笔功能则可以把不需要的画面内容消除；可以套用模板快速出图；利用AI绘图功能还可以实现天马行空的效果；还可以为多张照片进行批量修图。本节将为大家介绍这些常用的操作。

13.2.1　添加滤镜，提升氛围

【效果对比】：为了让照片更有质感，通过在醒图 App 中为其添加相应的风景滤镜，就可以让航拍的风光照片更加美丽。原图与效果图对比如图 13-27 所示。

扫码看教学视频

图 13-27　原图与效果图对比

添加滤镜的操作步骤如下。

步骤01 在醒图App中导入照片素材，❶切换至"滤镜"选项卡；❷展开"风景"选项区；❸选择"橘光"滤镜，进行初步调色，如图13-28所示。

步骤02 ❶切换至"调节"选项卡；❷设置"光感"参数为14，如图13-29所示。

图 13-28　选择"橘光"滤镜

图 13-29　设置"光感"参数

步骤03 提亮画面之后，设置"对比度"参数为33，增强画面明暗对比，如图13-30所示。

步骤04 设置"色温"参数为43，让画面偏暖色调，如图13-31所示。

图 13-30　设置"对比度"参数

图 13-31　设置"色温"参数

步骤05 设置"色调"参数为29，让色调也偏紫一些，如图13-32所示。

步骤06 选择HSL选项，在HSL界面中，❶选择橙色选项◐；❷设置"饱和度"参数为100，让橙色的夕阳色彩更鲜艳一些，如图13-33所示。

图 13-32　设置"色调"参数　　　　图 13-33　设置"饱和度"参数

13.2.2　添加文字和贴纸，突出主题

扫码看教学视频

【效果对比】：醒图 App 里的文字和贴纸样式非常丰富，并且可以通过关键词添加贴纸。为照片添加文字和贴纸能够点明主题，增加照片的趣味性。原图与效果图对比如图 13-34 所示。

图 13-34　原图与效果图对比

添加文字和贴纸的操作步骤如下。

步骤01 在醒图App中导入照片素材，切换至"文字"选项卡，如图13-35所示。

步骤02 弹出相应的面板，❶展开"简约"选项区；❷选择一款文字模板，如图13-36所示，双击文字。

步骤03 更改文字内容并调整其位置，如图13-37所示，切换至"贴纸"选项卡。

图 13-35 切换至"文字"选项卡　图 13-36 选择一款文字模板　图 13-37 调整文字的大小和位置

步骤 04 ❶输入"风车"；❷点击"搜索"按钮；❸选择一款贴纸，如图13-38所示。

步骤 05 点击 ◀ 按钮返回，在热门选项卡中选择一款爱心贴纸，如图13-39所示。

步骤 06 调整两款贴纸的大小和位置，让照片整体更有趣一些，如图13-40所示。

图 13-38 选择一款贴纸　　图 13-39 选择爱心贴纸　　图 13-40 调整两款贴纸的大小和
　　　　　　　　　　　　　　　　　　　　　　　　　　　　位置

13.2.3 拼图玩法，多图拼接

【效果对比】：在醒图 App 中通过导入图片就能实现多图拼接，制作高级感拼图，让多张照片可以同时出现在一个画面中。原图与效果图对比如图13-41所示。

扫码看教学视频

图 13-41　原图与效果图对比

进行拼图玩法的操作步骤如下。

步骤01 打开醒图App，点击"拼图"按钮，如图13-42所示。

步骤02 ❶依次选择相册里的3张照片；❷点击"完成"按钮，如图13-43所示。

步骤03 ❶切换至"长图拼接"选项卡；❷选择一个样式，查看效果，如图13-44所示。

图 13-42　点击"拼图"按钮　　图 13-43　点击"完成"按钮　　图 13-44　选择一个样式

步骤04 ❶切换至"拼图"选项卡；❷选择3:4选项；❸选择一个样式；❹调整3张照片的位置，如图13-45所示。

步骤05 点击"文字"按钮，进入相应的界面，如图13-46所示。

步骤06 ❶展开"时间"选项区；❷选择文字模板；❸双击文字，并更改文字内容和调整文字的位置，如图13-47所示。

图 13-45　调整 3 张照片的位置

图 13-46　点击"文字"按钮

图 13-47　双击文字并更改部分内容

13.2.4　消除笔，快速去水印

扫码看教学视频

【效果对比】：使用消除笔功能可以去除画面中不需要的部分，运用画笔涂抹的方式操作，步骤十分简单。下面介绍如何用消除笔去掉画面中的水印文字，原图与效果图对比如图13-48所示。

图 13-48　原图与效果图对比

用消除笔去水印的操作步骤如下。

步骤01 在醒图App中导入照片素材，❶切换至"人像"选项卡；❷选择"消除笔"选项，如图13-49所示。

步骤02 ❶设置画笔"大小"参数为17；❷涂抹画面中的文字，如图13-50所示。

步骤03 稍等片刻，即可消除不需要的水印文字，如图13-51所示。

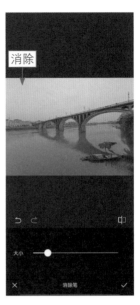

图 13-49　选择"消除笔"选项　　　图 13-50　涂抹画面中的文字　　　图 13-51　消除水印文字

★ 专家提醒 ★

　　如果水印没有一次性去除干净，可以再次调整画笔的大小，并多次涂抹有水印的位置。

13.2.5　套用模板，快速出图

扫码看教学视频

　　【效果对比】：醒图App中有很多模板，有滤镜调色、文字、贴纸和排版模板，一键就能套用，出图非常方便。在醒图App中套用模板的方法也有很多，本案例将介绍3种套用模板的方法，原图与效果图对比如图13-52所示。

图 13-52　原图与效果图对比

套用模板快速出图的操作步骤如下。

步骤 01 在醒图App中导入照片素材，自动进入"模板"选项卡，在"热门"选项区中选择一款模板，查看调色文字模板效果，如图13-53所示。

步骤 02 点击✕按钮回到"修图"界面，点击搜索栏，如图13-54所示。

图 13-53　选择一款模板

图 13-54　点击搜索栏

步骤 03 ❶输入并搜索"高级感"；❷点击所选模板下方的"使用"按钮，如图13-55所示。

步骤 04 在"全部照片"界面中选择相应的照片素材，如图13-56所示。

步骤 05 即可套用文字贴纸模板，如图13-57所示，点击✕按钮回到"修图"界面。

图 13-55　点击"使用"按钮

图 13-56　选择照片素材

图 13-57　套用文字贴纸模板

步骤 **06** 在"修图"界面中选择"韦斯安德森画风"板块，如图13-58所示。

步骤 **07** 在"韦斯安德森风格"界面中选择一款模板，如图13-59所示。

步骤 **08** 进入相应的界面，点击右下角的"去使用"按钮，如图13-60所示。

图 13-58　选择"韦斯安德森画风"
板块　　　　　　　　　　图 13-59　选择一款模板　　　　　图 13-60　点击"去使用"按钮

步骤 **09** 在"全部照片"界面中，选择相应的照片素材，如图13-61所示。

步骤 **10** 此时即可套用模板，查看画面效果。最后点击保存按钮↓，如图13-62所示，将照片保存至相册中。

图 13-61　选择相应的照片素材　　　　　　图 13-62　点击保存按钮

13.2.6　AI绘画，二次创作

【效果对比】：人工智能（Artificial Intelligence，AI）绘画是现在很流行的一种玩法，能让你的照片变得截然不同，又充满想象的空间。在醒图App中有多种玩法选项可选，操作十分简单，原图与效果图对比如图13-63所示。

图 13-63　原图与效果图对比

应用AI绘画玩法的操作步骤如下。

步骤01 打开醒图App，点击"AI绘画"按钮，如图13-64所示。

步骤02 在"全部照片"界面中选择相应的照片素材，如图13-65所示。

步骤03 ❶展开"AI-复古"选项区；❷选择"吉卜力风"选项，即可实现智能绘画，如图13-66所示。

 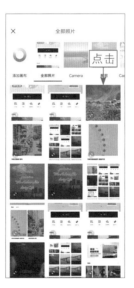 

图 13-64　点击"AI 绘画"按钮　　图 13-65　选择相应的照片素材　　图 13-66　选择"吉卜力风"选项

13.2.7　批量修图，提高效率

【效果对比】：对于在同一场景、光线条件下，使用相同设备航拍的多张照片，可以用醒图App中的批量修图功能调整，一键修图并导出多张照片素材。原图与效果图对比如图13-67所示。

图 13-67　原图与效果图对比

进行批量修图的操作步骤如下。

步骤01 打开醒图App，点击"批量修图"按钮，如图13-68所示。

步骤02 ❶在"全部照片"界面中选择两张照片素材；❷点击"完成"按钮，如图13-69所示。

步骤03 ❶切换至"调节"选项卡；❷选择"曝光"选项；❸设置"曝光"参数为25，提亮画面，如图13-70所示。

图 13-68　点击"批量修图"按钮　　图 13-69　选择照片素材　　图 13-70　设置相关参数

步骤04 设置"自然饱和度"参数为34，让画面色彩变得鲜艳一些，如图13-71所示。

步骤05 设置"色温"参数为−28，让画面偏冷色调，如图13-72所示。点击"应用全部"按钮，把调节效果应用到所有的照片中。

步骤06 ❶切换至"滤镜"选项卡；❷在"胶片"选项区中选择"梦野"滤镜；❸设置滤镜参数为40，继续让画面的色彩更具美感；❹点击"应用全部"按钮，如图13-73所示，把滤镜效果应用到所有的照片中。

图 13-71 设置"自然饱和度"参数

图 13-72 设置"色温"参数

步骤 07 点击保存按钮⬇，把多张照片保存到相册和醒图的作品集中，如图13-74所示。

图 13-73 点击"应用全部"按钮

图 13-74 保存到相册和醒图的作品集中

★ 专家提醒 ★

批量修图除了可以把调节、滤镜效果应用到所有的照片中，还可以批量应用文字、贴纸、特效等效果。

批量调色最好选择相同类型的照片，不然会有调色误差。如果存在调色差异，也可以选择相应的单张照片，进行单独调色，再导出所有的照片。

第 14 章
视频剪辑：单个与多个素材快速成片

剪映手机版是一款非常火爆的视频剪辑软件，大部分抖音用户都会用其进行剪辑操作。本章主要介绍如何在剪映手机版中进行单个视频和多个素材的剪辑处理，包括剪辑时长、添加音乐、添加文字等操作。学习这些剪辑技巧，让大家在学会用无人机航拍之后，还能学会在手机中剪辑视频，快速制作成品视频，并让视频具有大片感！

14.1　单个视频的制作流程

大家航拍完一段视频之后，在分享视频之前，可以在剪映手机版中对单个视频进行后期处理，再分享至朋友圈或短视频平台中。本节将为大家介绍单个视频的制作流程。

本案例的最终视频效果如图14-1所示。

图 14-1　最终视频效果

14.1.1　导入视频素材

扫码看教学视频

在剪映手机版中剪辑视频的第一步就是导入视频素材，这样才能进行后续的操作和处理。下面介绍导入视频素材的操作步骤。

步骤01 在手机中下载好剪映App，点击剪映图标，如图14-2所示。

步骤02 在"剪辑"界面中点击"开始创作"按钮，如图14-3所示。

图 14-2　点击剪映图标　　　　　　图 14-3　点击"开始创作"按钮

步骤03 ❶在"照片视频"界面中选择视频素材；❷选中"高清"复选框；❸点击"添加"按钮，如图14-4所示。

步骤 04 即可把视频素材导入到剪映手机版中，如图14-5所示。

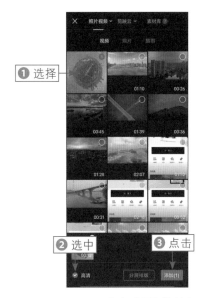

图 14-4　点击"添加"按钮

图 14-5　把视频素材导入到剪映手机版中

14.1.2　剪辑视频时长

扫码看教学视频

在剪映手机版中导入航拍视频之后，就可以用剪辑功能快速剪辑时长了，只留下自己想要的片段。下面介绍剪辑视频时长的操作步骤。

步骤 01 ❶选择视频素材；❷拖曳时间轴至视频第3s左右的位置，如图14-6所示。

步骤 02 点击"分割"按钮，如图14-7所示，分割视频。

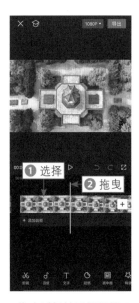

图 14-6　拖曳时间轴至视频第 3s 的位置

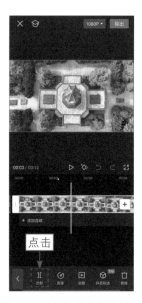

图 14-7　点击"分割"按钮

步骤 03 ❶选择分割后的第1段视频片段；❷点击"删除"按钮，如图14-8所示。

步骤 04 删除不需要的视频片段，视频时长变为10s，如图14-9所示。

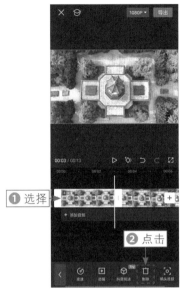 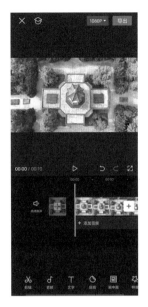

图 14-8 点击"删除"按钮　　　　　图 14-9 视频时长变为 10s

★ 专家提醒 ★

在剪辑视频时长的时候，除了用"分割""删除"按钮剪辑，还可以拖曳素材左右两侧的白色边框，以此调整素材的时长。不过需要先选择素材，再拖曳。

14.1.3 添加滤镜调色

当我们用无人机拍摄视频时，视频画面会受到天气和设备的影响，造成画质的清晰度和色彩变差，视频整体的画面就不会很出彩。

扫码看教学视频

为了让视频画面更具有吸引力，我们需要为视频添加滤镜进行调色，下面介绍添加滤镜进行调色的操作步骤。

步骤 01 ❶选择视频素材；❷点击"滤镜"按钮，如图14-10所示，进入"滤镜"选项卡。

步骤 02 ❶展开"风景"选项区；❷选择"绿妍"滤镜，添加滤镜进行初步调色，如图14-11所示。

步骤 03 ❶切换至"调节"选项卡；❷选择"对比度"选项；❸设置"对比度"参数为13，增强画面的明暗对比，如图14-12所示。

步骤 04 ❶选择"饱和度"选项；❶设置"饱和度"参数为12，让画面色彩更加艳丽一些，如图14-13所示。

步骤 05 设置"色温"参数为-8，让画面偏冷色调，如图14-14所示。

步骤06 设置"色调"参数为–4，微微增强绿调，如图14-15所示。

图 14-10　点击"滤镜"按钮

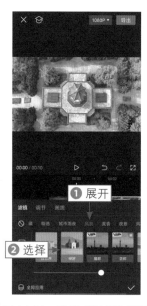

图 14-11　选择"绿妍"滤镜

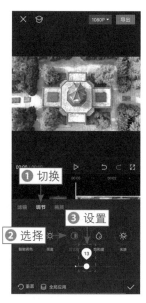

图 14-12　设置"对比度"参数

图 14-13　设置"饱和度"参数

图 14-14　设置"色温"参数

图 14-15　设置"色调"参数

14.1.4　添加背景音乐

背景音乐是航拍视频中必不可少的，能为视频增加亮点。通过提取音乐功能，还可以添加其他视频中的背景音乐。下面介绍添加背景音乐的操作步骤。

扫码看教学视频

步骤01 在视频起始位置点击"音频"按钮，如图14-16所示。

步骤02 在弹出的二级工具栏中点击"提取音乐"按钮，如图14-17所示。

步骤03 ❶在"照片视频"界面中选择视频素材；❷点击"仅导入视频的声音"按钮，如图14-18所示，添加音乐。

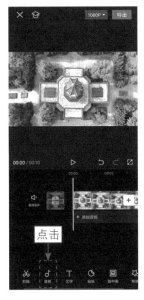 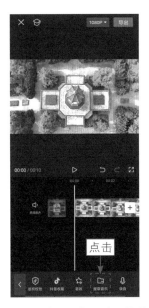 

图 14-16　点击"音频"按钮　图 14-17　点击"提取音乐"按钮 图 14-18　点击"仅导入视频的声音"按钮

步骤04 ❶选择音频素材；❷在视频的末尾点击"分割"按钮，如图14-19所示。

步骤05 分割音频素材之后，❶默认选择第2段音频素材；❷点击"删除"按钮，如图14-20所示，删除多余的音频素材。

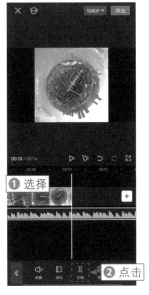 

图 14-19　点击"分割"按钮　　　　图 14-20　点击"删除"按钮

14.1.5　添加合适的特效

扫码看教学视频

为了让视频画面更加丰富有趣，可以为视频添加合适的特效，增加画面内容，让开场和结尾片段更有创意。下面介绍添加特效的操作步骤。

步骤 01 在视频起始位置点击"特效"按钮，如图14-21所示。

步骤 02 在弹出的二级工具栏中点击"画面特效"按钮，如图14-22所示。

图 14-21　点击"特效"按钮

图 14-22　点击"画面特效"按钮（1）

步骤 03 ❶切换至"动感"选项卡；❷选择"心跳"特效，如图14-23所示。

步骤 04 调整"心跳"特效的持续时长，使其末尾处于视频第 1s 的位置，如图14-24所示。

图 14-23　选择"心跳"特效

图 14-24　调整特效的持续时长

步骤 05 在视频第9s的位置点击"画面特效"按钮，如图14-25所示。

步骤 06 ❶切换至"基础"选项卡；❷选择"横向闭幕"特效，如图14-26所示。

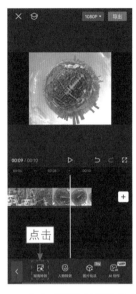

图 14-25 点击"画面特效"按钮（2）

图 14-26 选择"横向闭幕"特效

14.1.6 添加标题文字

扫码看教学视频

在剪映手机版中，可以为视频添加标题文字，点明视频主题。下面介绍添加标题文字的操作步骤。

步骤 01 在视频起始位置点击"文字"按钮，如图14-27所示。

步骤 02 在弹出的二级工具栏中点击"文字模板"按钮，如图14-28所示。

图 14-27 点击"文字"按钮

图 14-28 点击"文字模板"按钮

步骤 03 ❶展开"运动"选项区；❷选择一款文字模板；❸更改文字内容；❹点击⤵️按钮，如图14-29所示。

步骤 04 ❶更改所有的文字内容；❷切换至"样式"选项卡；❸选择黑底白边样式；❹调整文字的大小和位置，如图14-30所示。

图 14-29　点击相应的按钮

图 14-30　调整文字的大小和位置

14.1.7　导出分享成品

扫码看教学视频

在导出视频的时候，可以设置封面、"帧率"、"分辨率"和"码率"等参数，导出之后还可以分享至抖音平台中。下面介绍导出并分享成品的操作步骤。

步骤 01 点击视频素材左侧的"设置封面"按钮，如图14-31所示。

步骤 02 ❶滑动选择一帧画面作为封面；❷点击"保存"按钮，如图14-32所示。

步骤 03 点击 1080P ▲ 按钮，设置"帧率""分辨率""码率"参数，如图14-33所示。

步骤 04 点击右上角的"导出"按钮，界面中弹出导出进度提示，如图14-34所示。

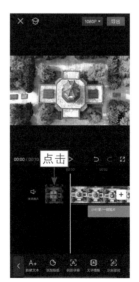

图 14-31　点击"设置封面"按钮

图 14-32　点击"保存"按钮

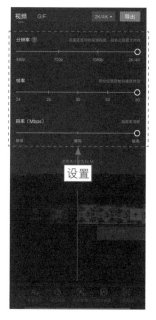

图 14-33　设置相应的参数

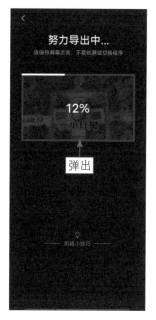

图 14-34　弹出导出进度提示

步骤05 导出成功之后，点击"抖音"按钮，如图14-35所示。

步骤06 在弹出的界面中点击"下一步"按钮，如图14-36所示。

步骤07 编辑相应的内容，如图14-37所示，点击"发布"按钮，即可将视频发布至抖音平台中。

图 14-35　点击"抖音"按钮

图 14-36　点击"下一步"按钮

图 14-37　点击"发布"按钮

14.2 多个素材的剪辑流程

对于多个视频，在剪辑处理上的流程会比单个作品多一些操作，但大部分的操作过程都是差不多的，大家可以多练习、提炼和总结要点。本节将为大家介绍多个视频的剪辑流程。

本案例的最终视频效果如图14-38所示。

图 14-38 最终视频效果

★ 专家提醒 ★

在对多个视频进行剪辑时，可以先为视频素材进行排序，然后再依次导入剪映手机版中，这样可以提升视频剪辑的效率。

14.2.1 添加多段素材和卡点音乐

扫码看教学视频

在剪映手机版中添加多段素材时，需要将其按顺序依次导入，导入多段素材之后，再添加卡点音乐。下面介绍添加多段素材和卡点音乐的操作方法。

步骤 01 进入剪映手机版"剪辑"界面，点击"开始创作"按钮，如图14-39所示。

步骤 02 ❶在"照片视频"界面中依次选择7段视频素材；❷选中"高清"复选框；

❸点击"添加"按钮，如图14-40所示。

步骤 03 将素材添加至视频轨道中，点击"音频"按钮，如图14-41所示。

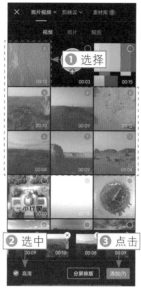

图 14-39 点击"开始创作"按钮   图 14-40   点击"添加"按钮   图 14-41   点击"音频"按钮

步骤 04 在弹出的二级工具栏中点击"提取音乐"按钮，如图14-42所示。

步骤 05 ❶选择视频素材；❷点击"仅导入视频的声音"按钮，如图14-43所示。

步骤 06 将卡点音乐添加至音频轨道中，如图14-44所示。

图 14-42 点击"提取音乐"按钮   图 14-43   点击"仅导入视频的   图 14-44   将卡点音乐添加至音
                                            声音"按钮   频轨道中

14.2.2　设置变速效果和调整时长

为视频素材设置"曲线变速"效果，可以使其播放速度忽快忽慢，并能配合音乐的节奏，最后再调整素材的时长，对齐音乐节点。下面介绍设置变速效果和调整素材时长的操作步骤。

步骤 01 ❶选择音频素材；❷点击"节拍"按钮，如图14-45所示。

步骤 02 弹出相应的面板，❶ 点击"自动踩点"按钮；❷选择"踩节拍Ⅰ"选项；❸ 点击✔按钮确认操作，如图 14-46 所示。

步骤 03 向右拖曳第 1 段素材左侧的白色边框，设置其时长为2.7s，如图 14-47 所示。

步骤 04 ❶选择第 2 段素材；❷点击"变速"按钮和"曲线变速"按钮，如图 14-48 所示。

步骤 05 在"曲线变速"面板中选择"蒙太奇"选项，如图14-49所示。

步骤 06 ❶选择第3段素材；❷继续选择"蒙太奇"选项，如图14-50所示。

图 14-45　点击"节拍"按钮

图 14-46　点击相应按钮

图 14-47　向右拖曳素材的白色边框

图 14-48　点击"曲线变速"按钮

图 14-49　选择"蒙太奇"选项（1）

步骤 07 ❶选择第4段素材；❷选择"英雄时刻"选项，如图14-51所示。为剩下的3段素材应用"蒙太奇"曲线变速选项。

步骤 08 设置第2段至第6段素材的时长为2.1s，第7段素材的时长则为2.6s，大致对齐卡点音乐素材中的小黄点，如图14-52所示。

图 14-50 选择"蒙太奇"选项（2） 图 14-51 选择"英雄时刻"选项 图 14-52 调整素材的时长

14.2.3 为素材之间设置转场

转场是在有两段以上的素材的时候才能设置的效果，设置合适的转场效果，可以让视频画面过渡得更加自然。下面介绍为素材之间设置转场的操作步骤。

扫码看教学视频

步骤01 点击第1段素材与第2段素材之间的转场按钮 |，如图14-53所示。

步骤02 弹出相应的面板，❶切换至"运镜"选项卡；❷选择"推近"转场；❸点击"全局应用"按钮，如图14-54所示。

步骤03 弹出相应的应用提示，可以看到所有素材之间都设置了转场，如图14-55所示。

图 14-53 点击转场按钮 图 14-54 点击"全局应用"按钮 图 14-55 设置统一的转场效果

14.2.4　为多段素材进行调色

针对多段素材的调色，可以用"全局应用"按钮统一调色，也可以选择单独的视频进行精准调色。下面介绍为多段素材进行调色的操作步骤。

步骤01 ❶ 选择第 1 段视频素材；❷ 点击"滤镜"按钮，如图 14-56 所示。

步骤02 进入"滤镜"选项卡，❶ 展开"风景"选项区；❷ 选择"橘光"滤镜；❸ 设置滤镜参数为60；❹ 点击"全局应用"按钮，如图 14-57 所示，把滤镜效果应用到所有的视频素材中。

步骤03 ❶ 切换至"调节"选项卡；❷ 选择"亮度"选项；❸ 设置"亮度"参数为6，稍微提升画面的亮度，如图 14-58 所示。

步骤04 设置"对比度"参数为10，增强画面的明暗对比，如图14-59所示。

步骤05 设置"饱和度"参数为14，让画面色彩更鲜艳一些，如图14-60所示。

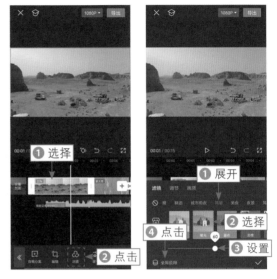

图 14-56　点击"滤镜"按钮　　图 14-57　点击"全局应用"按钮（1）

步骤06 ❶设置"色调"参数为10，让天空偏紫调；❷点击"全局应用"按钮，如图14-61所示，把调节效果应用到所有的视频素材中。

图 14-58　设置"亮度"参数　　图 14-59　设置"对比度"参数　　图 14-60　设置"饱和度"参数（1）

步骤 07 ❶选择第6段视频素材；❷点击"调节"按钮，如图14-62所示。

步骤 08 设置"光感"参数为20，增加画面曝光，提亮画面，如图14-63所示。

图 14-61　点击"全局应用"按钮（2）　图 14-62　点击"调节"按钮　图 14-63　设置"光感"参数

步骤 09 设置"色温"参数为20，让画面偏暖色调，如图14-64所示。

步骤 10 设置"阴影"参数为–9，增加层次，如图14-65所示。

 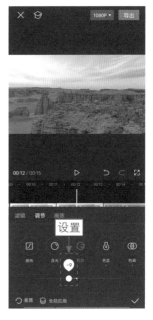

图 14-64　设置"色温"参数　　　　图 14-65　设置"阴影"参数

步骤 11 ❶选择第7段视频素材，并点击"调节"按钮；❷设置"饱和度"参数为0，让画面色彩更自然一些，如图14-66所示。

步骤12 设置"锐化"参数为23，增加纹理，让画面更清晰一些，如图14-67所示。

图 14-66　设置"饱和度"参数（2）

图 14-67　设置"锐化"参数

★ 专家提醒 ★

在调色的时候，需要提前判断视频要调整哪些参数，再进行精准调整。

14.2.5　添加炫酷特效

扫码看教学视频

　　为了让画面变得动感又炫酷，可以为视频添加相应的动感特效，增加画面的亮点。下面介绍添加炫酷特效的操作步骤。

步骤01 ❶拖曳时间轴至第3段素材中间左右的位置；❷依次点击"特效"按钮和"画面特效"按钮，如图14-68所示。

步骤02 弹出相应的面板，❶切换至"动感"选项卡；❷选择"闪黑Ⅱ"特效；❸点击✅按钮确认操作，如图14-69所示。

步骤03 调整"闪黑Ⅱ"特效的持续时长，使其末尾位置与第3段素材的末尾位置对齐，如图14-70所示。

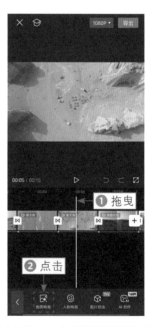
图 14-68　点击"画面特效"按钮

图 14-69　点击相应的按钮

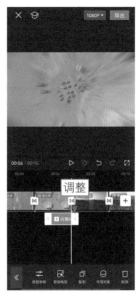

图 14-70　调整"闪黑Ⅱ"特效的持续时长

14.2.6　制作文字片头

一个精彩的片头可以吸引用户，使其对视频产生兴趣。添加合适的文字还能点明视频主题，让观众把握视频的精华要点。下面介绍制作文字片头的操作步骤。

扫码看教学视频

步骤01 在视频的起始位置点击"文字"按钮，如图14-71所示。

步骤02 在弹出的二级工具栏中点击"新建文本"按钮，如图14-72所示。

图 14-71　点击"文字"按钮

图 14-72　点击"新建文本"按钮

步骤 03 ❶输入文字内容；❷在"书法"选项区中选择合适的字体，如图14-73所示。

步骤 04 ❶切换至"样式"选项卡；❷选择黑色色块；❸调整文字的大小和位置，使其处于画面的右上角，如图14-74所示。

图 14-73　选择合适的字体

图 14-74　调整文字的大小和位置

步骤 05 ❶切换至"动画"选项卡；❷选择"向上弹入"入场动画，如图14-75所示。

步骤 06 ❶展开"出场"选项区；❷选择"右上弹出"动画，如图14-76所示。

图 14-75　选择"向上弹入"动画

图 14-76　选择"右上弹出"动画

步骤 07 点击✓按钮确认操作，❶调整文字的时长，使其与第1段素材的末尾位置对齐；❷在入场动画结束的位置点击◇按钮，添加关键帧，如图14-77所示。

步骤08 ❶拖曳时间轴至出场动画的起始位置；❷微微放大文字并调整其位置，如图14-78所示。

步骤09 在入场动画结束的位置点击"添加贴纸"按钮，如图14-79所示。

图 14-77　添加关键帧　　图 14-78　调整文字的大小和位置　图 14-79　点击"添加贴纸"按钮

步骤10 ❶输入并搜索"箭头"；❷选择一款贴纸，如图14-80所示。

步骤11 ❶调整贴纸的持续时长，使其末尾位置与出场动画的起始位置对齐；❷调整贴纸的大小、角度和位置，使其处于文字的下面，如图14-81所示。

图 14-80　选择一款贴纸　　　　　　图 14-81　调整贴纸的大小、角度和位置

14.2.7 制作片尾效果

在视频结束的时候，可以制作求关注片尾效果，展示视频发布者的头像、提示观众关注作者，从而用视频进行引流。下面介绍制作片尾效果的操作步骤。

步骤01 在第7段素材的末尾位置点击 + 按钮，如图14-82所示。

步骤02 ❶在"照片"选项区中选择头像素材；❷选中"高清"复选框，如图14-83所示。

图 14-82 点击相应的按钮

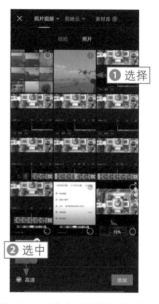

图 14-83 选中"高清"复选框

步骤03 ❶切换至"素材库"选项卡；❷在"热门"选项区中选择黑场素材；❸点击"添加"按钮，如图 14-84 所示。

步骤04 ❶选择头像素材；❷点击"切画中画"按钮，如图14-85所示。

步骤05 把素材切换至画中画轨道中，点击"新增画中画"按钮，如图 14-86 所示。

步骤06 ❶在"视频"选项区中选择片尾绿幕素材；❷选中"高清"复选框；❸点击"添加"按钮，如图14-87所示，添加绿幕素材。

步骤07 ❶调整绿幕素材的画面大小；❷依次点击"抠像"按钮和"色度抠图"按钮，如图14-88所示。

图 14-84 点击"添加"按钮

图 14-85 点击"切画中画"按钮

图 14-86 点击"新增画中画"按钮

图 14-87 点击"添加"按钮

步骤 08 拖曳取色器圆环，在画面中取样绿幕的颜色，如图14-89所示。

图 14-88 点击"色度抠图"按钮

图 14-89 取样绿幕的颜色

步骤 09 ❶选择"强度"选项；❷设置"强度"参数为100，抠除绿幕，如图14-90所示。

步骤 10 ❶选择"阴影"选项；❷设置"阴影"参数为50，在边缘增加阴影，如图14-91所示。

图 14-90   设置"强度"参数

图 14-91   设置"阴影"参数

步骤 11 ❶选择头像素材；❷微微调整其大小和位置，让人物居中，如图14-92所示。

步骤 12 在头像素材的起始位置点击"文字"按钮，如图14-93所示。

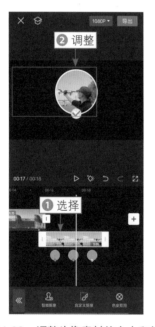

图 14-92   调整头像素材的大小和位置

图 14-93   点击"文字"按钮

步骤 13 在弹出的二级工具栏中点击"文字模板"按钮，如图14-94所示。

步骤 14 ❶展开"互动引导"选项区；❷选择一款文字模板；❸调整文字的大小和位置，如图14-95所示，引导观众在看完视频之后关注视频发布者。

图 14-94　点击"文字模板"按钮

图 14-95　调整文字的大小和位置

步骤15 ❶选择文字素材；❷点击"文本朗读"按钮，如图14-96所示。

步骤16 ❶在"热门"选项卡中选择"动漫海绵"选项；❷点击✓按钮，如图14-97所示，下载音频素材，让视频更有趣。

图 14-96　点击"文字朗读"按钮

图 14-97　点击相应的按钮